U0172552

寸有所长
VISIBLE&INVISIBLE
有形与无形的抉择

章俊华 著

中国建筑工业出版社

图书在版编目（CIP）数据

寸有所长：有形与无形的抉择 / 章俊华著. —北京：中国建筑工业出版社，2022.1
ISBN 978-7-112-26561-9

Ⅰ.①寸… Ⅱ.①章… Ⅲ.①园林设计—景观设计—文集 Ⅳ.①TU986.2-53

中国版本图书馆CIP数据核字（2021）第191058号

责任编辑：杜　洁　兰丽婷
责任校对：张惠雯

寸有所长——有形与无形的抉择

章俊华　著

*

中国建筑工业出版社出版、发行（北京海淀三里河路9号）
各地新华书店、建筑书店经销
北京锋尚制版有限公司制版
北京中科印刷有限公司印刷

*

开本：880毫米×1230毫米　1/32　印张：6½　字数：217千字
2021年10月第一版　　2021年10月第一次印刷
定价：55.00元
ISBN 978-7-112-26561-9
　　　（37978）

写在前面的话

与以往的形式有所不同，本书中的讨论是跟两位年轻有为的设计师：北京林业大学蔡凌豪老师和原筑设计闫明先生展开的。印象中的蔡老师精通各类应用软件，酷爱专业。曾见过清华大学里有一位一年四季都穿短裤衬衫的老先生，日本千叶大学也有位终年长裤短袖的中年教授。蔡老师深秋时节仍以T恤为装的印象，永远与众不同。其作品充满着追求和探索，北京林业大学校园的几处设计不愧为久违的佳作。

蔡老师首先提到了"秩序"一词，属于形式语言的范畴。中国人喜欢讲文化和传统，设计界也不例外，因为中国自古以来均是通过文化来构筑社会体系，其中礼制文化把城市的规制、人与社会、人与人之间的隶属关系阐述得一目了然。北京林业大学李雄校长在改革开放40周年北林设计论坛（2018年12月）上也曾提到如何传承、创新、发展的问题，传统与现代成为当今园林行业中的永恒话题。实际上这两种设计语言是不尽相同的，有时候甚至可以说是相互冲突的。这里没有好与坏、对与错之分，有的只是成体系的表现习惯和方式。其次提到了"主流"思潮，也是业界热议的话题之一—"技术与艺术"的关系。技术可以被认为是引领，随时代的发展而发展，但是无论技术如何发展最终也无法取代艺术的核心地位，充其量也仅仅是一种附加值。从属关系没有发生变化，不然还叫什么设计师，统统改称工程师更为准确。最后又提到了如何"成材"？设计师的成长需要漫长的时间过程，现实中的人们绝大多数都中途下了车，能走出这一过程的寥寥无几，不能说走到最后的人就是精英，但可以肯定地说都是钟爱自己的工作到了"不可救药"地步的人。

与闫明先生的访谈是围绕着"如何对待设计"这一话题展开的，就如同他的作品，出于对景观与建筑两个层面的思考，一直在探索前期场地调查分析与后期设计创意之间的逻辑关系。我们通常把城市规划称之为规划专业，把建筑学称之为设计专业，而风景园林则被称为规划设计专业。既有规划也有设计，缺一不可。由于是完全不同的入径模式，实际操作过程中两个阶段的切换成为一个隐形的制约，往往被绝大多数设计师所忽略。如果将前者视为横轴，后者视为纵轴的话，那么纵轴上的操作就好比是在横轴上的一个纵断面，不可能涉及横轴的全部，这就是说设计阶段需要学会"放弃"。并不是说被"放弃"的部分就失去了固有价值，也许可以成为下一个设计的切入点。设计是一门从多重、暧昧、综合的状态中梳理出直白、明确、简单这样一种思考过程的学问。没有定式，始终保持一种连续的、随机的同时又是变换的动态，很难用正确与错误来一概而论。

　　交流中强烈感受到两位设计师敏锐、执着、勤于思考的特质，他们精准地揭示了行业中的关注点，启迪从业者去努力探讨直面的话题，同时激发了我们的期待。学校里能教的只是最基本的思维方式和解决问题的能力，再有就是培养学生无条件地发自内心地热爱自己的专业。正因为如此，本书尝试着不同执业背景环境下的对谈，要想彻底阐述其中的因果关系，只通过一两次对话是难以到达的。篇幅所限，浅尝辄止，抛砖引玉，未来会更美好！

章俊华
2020年3月于松户

目录

Part 1 晒言拙语

Part 2 吾人小作

1

陋言拙语

学校（日本千叶大学）所在地松户是日本著名的雪梨产地，品种名为"21世纪"。以前曾去采摘过，好像与国内区别不是很大，所以印象已不是很深了。几年前的一次私人旅行，对日式采摘有了进一步的了解。那次是伊豆3日游，其中有一个节目是采摘草莓。与以前采摘苹果、梨等不太一样，主要是以现场"狂吃"为主，翻译成贴切的中文就是不限量的"自助"。

旅行第二天，中午过后就坐上大巴直奔草莓采摘地，大约不到半个小时，就顺利地到达了目的地。那里是一片被塑料大棚覆盖的草莓生产基地。有一定规模，我们停车的时候已经有一辆大巴停在那里，下车后由导游带领直接来到采摘大棚的入口。门口有两个人发小塑料盘，每个大小与饭盒差不多，中间有一道隔板，角上还有一个放有"炼乳"的小圆盒，也许就是让草莓沾"炼乳"吃，剩余的部分就是用来放草莓叶片的。大棚长度好像只有25m左右，我们被分成三组，每组走一条垄道。

在国内采摘都很随意自由，有说有笑，可是在日本，也许是大家太守规矩，包括孩子们在内，都是一声不吭地低头摘草莓，然后连洗都不洗，沾点炼乳就往嘴里放，一开始觉得不洗的东西好像很难进口，但马上就不在意了。大家一个接着一个，边走边吃，在这种严肃的氛围下根本无法激发人们的任何食欲。没吃几个已感肚子很撑的样子，而且还不能停下来，因为后面的人在不断往前走，每个人又都不甘心，至少要把"本"捞回来，所以也不管大小、熟没熟、干净不干净，摘了就往嘴里放，完全没有鲜美、甜润的感受，好在只有25m，很快就到了"终点"。钻出大棚后，每人手里的塑料盘也自动收回，日本人手中的盘子都尽量做到不留一个草莓，恨不得把炼乳也通通刮净，除了吃剩下的底部叶片外，显得比刚发的盘子还干净。原本非常喜欢吃的草莓，一下子变得毫无任何吸引力，本来也没吃多少，却没有任何再吃的欲望，更谈不上满足感了。回来的路上一直在想原因何在？是不干净，不热闹，不自由，还是本身就不好吃……。其实草莓品质不错，又大又甜，但就是这种采摘的过程实在是让人无法接受，机械，刻板，没有一点食文化的情趣，也许这正是日本社会的特点之一吧。往好的方面讲是守规矩，社会公德意识高，不期待有过高惊喜，平"淡"中取乐。

同属亚洲的东方文化，但是在行态意识上中国与日本存在较大差别，表现出两种完全不同的生活体验，一种是把吃当作极大的享受，需要环境氛围的配合，没有任何约束，轻松自由和最大限度地尽兴；另一种则是在最日常平凡的过程中，发现、挖掘不一样的体验，常规中的满足，有节制的丰盛。也许不能用简单的好与坏去评判，但有一点是十分明确的，那就是生活在这个社会的人，他的所作所为，一定受制于社会文化的影响和支配，只有理解根植于地域的文化，才能乐在其中，享在其境。

硬件与"软实力"

2010年左右和如生总一起去参观了一趟天津生态城，当时介绍人非常自豪地讲述了建设历程、现状及展望，其中特别提到了全世界计算速度最快的"银河1号"，虽然没过多久就被日本的スーパコン（超级计算机）超过，但发展速度之快，让全世界注目。其后又介绍了"数字城市的管理模式"，让我这个前后加起来在国外待了十几年的中老年人大开眼界。不过事后冷静地想一想，这些硬件只要资金到位，很快就可以实现，而真正的难题应该是可持续发展不可缺少的最关键的环节——"软实力"。俗话说拿钱能解决的事是最容易的，而只靠金钱却解决不了的事何其之多！城市基础设施等"硬件"的建设可以在很短的时间内建立起来，而一个城市的文明程度、价值观念、社会制度等影响自身发展潜能的"软实力"才是最难建立

的。它包括：文化价值观、教育发展力、科技创新力、政府执政力、城市凝聚力、社会和谐力、企业管理水平，等等。这是一项漫长的系统工程，需要一代甚至几代人的不懈努力！我们必须清楚地认识到当今社会的发展与繁荣仅仅是"新里程"的开始，还有许许多多"过程"需要我们协力，意识形态领域的再构筑，将成为摆在中国城市发展进程中重要且亟待解决的课题之一。

城市化本身没有错。中国城市化进程一路"凯歌"，必然意味着农村土地的悄然减少。当"大跃进"之风刮到贫困县，"造城"盛宴更发人深省。当强拆引发的"人民内部矛盾"愈演愈烈，当拥堵的交通让城市人愁眉不展，当良田在轰隆隆的城市化浪潮中成片消失……没错，中国的城市化道路——至少是从部分地方官员的思维上——已

然"跑偏"。此时此刻,是时候停下脚步,回头来检视一下中国城市化该怎样走了!

当2011年再次到访北京798,展现在人们面前的是琳琅满目的抛售品和满脸堆笑的小商人。画家们都不堪高额的场租费,被逼退到远郊的宋庄画家村,城市发展最重要的还是从本土资源和现实出发,激发市民最广泛的参与才是真正的理想之路。王府井步行街的改造让中国展现给世界的面貌大大提升,但昔日"拥挤""繁忙"的景象与人们日常生活越来越远。人的存在是城市发展最重要的因素,现在所面临的一切,大部分是由于人的活动而引发的"问题"。而所有的对策大都是研究在"问题发生后"如何迅速、彻底地将它解决,而很少去考虑如何防止这些问题的发生。2011年3月,东日本大地震灾区的居民沉着冷静、有序地面对地震、海啸与核泄漏,这样的社会秩序让全世界惊讶!在外国人纷纷逃离日本的时候,日本人却做到了格外的镇静,很多人取消了出国度假的计划,更有人冒着生命危险回国参加救灾。这里没有一点美化的意思,只是想说明人在城市中的作用,离开了人,城市就不复存在。城市的所有问题都是由人而引发的,中国城市最缺的不是知识、历史,也不是硬件的基础建设,而是城市的"精神文化"价值观与城市的"软实力"。

(引自:当今社会的生活哲学. 风景园林 2012.No.2.p158~159文中的一部分)

宿管员

刚进入日本千叶大学留学的时候，住在离学校有5站地的一个叫五香的留学生宿舍。当时有两栋楼，其中一栋是所在地松户市公务员单身宿舍，一层有食堂和公共浴室。宿管员主要负责每日早、夜两餐的食堂、浴室清洁兼顾留学生的日常管理工作，由于留学生早晚出行作息时间不太一样，基本上不能利用食堂，所以与宿管员接触的机会也不太多，只是偶尔有些信件接收而已。也记不清是什么原因，宿管员与我慢慢地熟了起来。每当食堂做烤鳗鱼饭等好吃的东西时，宿管员会不声不响地拿些过来。这样一来二去，不免在宿舍里一起再喝点小酒。宿管员最大的特点就是一喝酒，原本盛气凌人的气势一消而去，判若两人地称兄道弟。喝到兴头上时就相见恨晚，一定要拉着你去唱卡拉OK。现在回想起来不正是小野佐和子写的『江戸の花見』（江户赏花）中描述的日本文化吗？后来日语交流水平不断提高，有时就干脆带我们去酒吧和当地人一起喝酒聊天。有一段时间日语口语突飞猛进都要归功于这位宿管员。

宿管员夫妇就住在食堂、浴室大厅一层的一角，外面的接待室（传达室）放置邮件和信件及通知栏等，与每位传统日本家庭一样，宿管员夫人是位专职家庭主妇，食堂里里外外的工作都是他一个人做，孩子也大了，不和父母住在一起，平时只有宿管员夫妇二人，每次一起去外面喝完酒回来都宁愿挤到我那只有6畳（9.9m²）的单身宿舍，情愿直接睡在地板上（たたみ）也不回家。后来才知道时间晚了夫人就关门休息，不会给他留门，实际上日常生活中的日本家庭不全都像电影中描述的那样夫人在门厅跪着迎接丈夫的归来。之后也有过宿管员自己在外面喝到东倒西歪后破门而入倒头大睡的情景，其中记忆犹新的还是参加硕士入学考试的前一天晚上，可能是过于紧张，早早就寝休息的我一直未能入眠，直到半夜好不容易刚刚入睡就被宿管员的敲门声弄醒，一直熬到天亮，似乎总是处于半睡半醒的状态，入学考试的一整天都昏昏沉沉。万幸的是最终结果没有因为这次失眠而落选。从那以后明确提出晚上不要再到这里敲门了，为此联系也少了许多。

好像又过了有大半年的样子，那天刚回宿舍没多久就听到有人在门外叫我的名字，心里正纳闷什么人不敲门直呼姓名？打开才看到是他，也许是之前说的晚上免打扰让他有些怯意！站在门口看看四周没人，像个陌生人一样很有礼貌的小声问道：可以进去吗？我点点头他就很敏捷地进了屋。用非常神秘和惊奇的眼光对我说，今天警察来了……！说了一大堆，当时我一头雾水，后来才搞明白他是在说什么。原来住在我们楼上的一位留学生朋友在日本出了事，警察找到宿管员调查，因为来的是刑警，一进门就把他吓得浑身发抖，用他自己的话讲二十几年前在新宿开咖啡店时的一起刑事案件与他有关，逃避了这么多年后他见到刑警的第一反应是"终于来了"，腿软得挪不动步！

那天晚上从来没有见到他如此的心悦，就好像获得了新生。多年过去后，五香寮早已不存在了，不知道他现在住在哪儿？每天都在做什么？真想再去和他喝次酒。

合肥

合肥在我们20世纪80年代初上大学的时候已经是经常被提到的城市，当时是因为有一个环城公园，时隔近40年的2019年我又在位于合肥的安徽建筑大学举办了首次作品个展。应当说是留下了非常美好印象的地方，但是2001年初夏，作为考察开发区的专家到访合肥的那次经历却更加刻骨铭心。

当时的开发区刚刚起步，两天的行程安排得紧张而充实。工作的事情已经记不太清楚了，唯有当地土菜一直难以忘怀，没想到有这么多吃法，中国的食文化真是博大精深呀！圆满完成考察任务后一大早就被送到机场候机楼，由于到机场比较早，且两天的奔波，同行专家与我都略感疲惫，正巧候机厅旁边刚刚开了一个休闲吧，可以做足疗。反正怎么都是等，候机的同时做个足疗也是个挺好的选择，二话没说就进去了。服务生都是年轻朴实的当地姑娘，特别活泼可爱，一边按脚一边聊天，旁边的那位技师话多得停不住，上来就问你们是从肥东来的还是肥西来的，吃酸菜饭、满口香、玫瑰小宝……了吗？同行专家是位美食家，正撞枪口，聊得那叫起劲，根本插不上嘴，给我做足疗的技师，相对腼腆一些，只是低头工作，一言不发，虽然没有感觉技法有多高超，但还是能够明显感觉到技师做得极为认真，始终全神贯注。从外表看是典型的南方女孩，小巧玲珑，圆圆的脸，双手捧着脚不停揉按。人们都说适当用力才舒服，可今天技师的动作严格上讲，与其说是"按"还不如说是"揉"和"搓"更准确，而且还上下左右不停地揉，不厌其烦地端详着这双脚。看到旁边的技师聊得这么投入，就半开玩笑地对她说，你这是在按脚还是在玩玩具呢？这时她终于停下手，抬起头冲着我们像是要说什么，都快到嗓子口了，又憋了回去，脸上露出一丝异样的表情。这时候一旁的同行专家起哄道：怎么看你像是捧着个小宠物似的爱不释手。这句话真是激活了这位女技师，终于开口说道："这个脚跟我的脚长得一模一样"。天呢！话音停顿了片刻之后就是哄堂大笑，屋子里的气氛一下就活跃起来。一高兴，把多年肩周炎的右肩膀也捎带一起给按摩了。待舒舒服服走出休闲吧时，看到登机柜台一位乘客都没有了，上前一咨询才知道飞机已经结束登机，正在缓缓地推出跑道，眼睁睁地看着飞机离去，想必机场多次广播均被房间里欢乐的笑声屏蔽得无影无踪。无奈赶紧改签下一航班！接下来又经过了重新换登机牌，重新安检等，终于坐上下一班飞机可以起飞的时候才算松了一口气，航班准点起飞，心想再过两个小时也就到北京了，待飞了近两个半小时，还未见要降落的意思。外面的天早已漆黑一片，不思其解之时，机上广播终于传来悦耳的声音，"由于北京的天气原因，我们将改降济南机场……"。乐极生悲呀！一步没赶上，步步赶不上。在济南机场候机时，居然偶遇也因改落济南机场、失联多年的老朋友，试想如果合肥不改签，如果北京天气正常都不可能相遇。不由又开始发自内心地感谢那位话不多的女技师，同时也暗自郁闷怎么会长了一双女人般的小脚，寸有所长，一切都是老天爷的安排。

食在中国是千真万确的，每次回国无论是什么菜都感觉非常好吃，而且是不管时间有多紧，一定也会安排吃一次中午的职工食堂工作餐，而且必吃丸子、粉条、豆腐这3样菜。这要比高档的海鲜、粤菜、鲁菜、川菜……都好吃！为什么喜欢吃大食堂的菜呢？现在想想也许与从小学开始基本上都在吃食堂有关吧！但现在的大食堂要比过去的好很多，什么菜都有，炒菜、面食、火锅、小吃等等。过去同样是白菜在北方要吃一冬，所以什么做法都有，喜爱吃的还是正宗的醋熘白菜。中国菜的种类之多，是无法用数字来比喻的。在国内的时候跑了不少地方，但每次印象最深的菜肴均是当地的土菜（或称农家菜）。记得2011年前后经常去湖南长沙，在机场旁边的一家农家菜的小饭馆吃了一顿"脱骨肉小炒"，真是爱不释口；因为较

辣，口味浓重，一连叫了3碗饭，才算是终于停下了手中的筷子。感觉比北京的"湘鄂情""湘临天下"的菜好很多。不过上了飞机后才感觉肚子胀的不行，紧接着就开始隐隐作痛，自己知道一定是辣的东西又吃多了。

日本在吃的方面与中国完全不同，要简单得多，刚去日本的时候，看到炒饭套餐，只有炒饭一盘+烧麦一个+榨菜一小碟+一小碗汤。这在中国只能说是主食的一部分，连一个炒菜都没有。而且就算是吃中国菜，其种类也不太多，什么青椒肉丝、麻婆豆腐、回锅肉等等。不过与中国不太一样的是，日本的一般家庭的饮食每天都有变化，但与中国不同的是不仅仅是菜系的不同，更主要的是不同国家的菜谱变化，例如说：星期一，咖喱（印度）；星期二，通心面（意大利）；星期三，回锅肉、

烧麦（中国）；星期四，天妇罗（日本）等等。国外的饮食被彻底的家常化，无论它是否正宗好吃，至少已被日本每个家庭所接受。

与食文化相同，日本的景观也一样，可以从很多作品中同时看到受西方化影响的"欧美派风格"和日本自身传统影响下的"东方气息"。其结果就形成了所谓现代日式景观。这也许是取决于国家的民族性，而且这种表现似乎在很自然的状态下进行的，丝毫没有刻意之感。与其相反，在中国做设计，大家都在一开始就强调现代与传统的结合，而且已成为一个永久的话题。包括老前辈，我们这一代及年轻的设计师们均为之付出了极大的努力。其结果不凡有些成功的代表作。但很多作品要不就是完全西化，如果讲传统也是机械性的生搬硬套。很难看到自然融洽的东、西方的结合。然而在日本的设计界，很少听人强调现代与传统的结合，设计师均在充分地展示自己的风格，再比如文学（外来语）等等。均不同程度地自然而然地接受了西方文化的影响，所以说从整体上看，日本的现代文化实际上就是东、西方结合的文化。想必在这种文化环境中生活的人们，自然而然地会将这种文化反映在方方面面，当然也包括景观。所以说文化方面的表述不是刻意的追求。而是发自内心的一种不经意的流露过程。也许在中国现阶段的文化背景下，创造出经典的现代与传统融会贯通的作品还需要一段时间，就像中国社会发展的进程有时难以预测一样，这一过程可能很快，也可能很漫长。总而言之，文化是一种固有的意识形态，很难去刻意地追求，需要在生活环境中培养和感悟。实际上，随着后现代主义的兴起，传统和现代的传承这个话题正在发生实质性的诠释。

可能是上学时没有太用功学习英语，毕业后就拼命学。一开始是晚上在外交学院报TELFE班，确实收获不小。最后参加原建设部系统的英语考试，居然考入围了。据说是排上了公派出国的队伍，有资格申请带薪去中国人民大学脱产学习半年英语的机会，由此认识了本文中的英语老师。她是一位来自纽约的美国人，作为外国专家局的一名专家，享受着住在友谊宾馆外国专家公寓的待遇。说来也真巧，我们班上当时有一位中央电视台体育部的记者，特别喜欢打网球，正好我也打过几次，就算是交上了一个球友。20世纪80年代中期（好像是1985年左右），有网球场地的地方很少，距人大最近的只有友谊宾馆院内有2个标准的户外网球场，所以经常下了课就跟朋友一起去打网球。那时候的涉外宾馆除了住店客人外，不让随便进出，我们每次都是从农科院农研新村的后院较隐蔽的地方偷偷翻越友谊宾馆的南墙，进到宾馆内，这个地点除了离网球场较近外，最主要的还是远离巡逻的保安，是最不易被发现的地方。

在课堂上的她很严肃，往往会因一件不如意的"小事"大发雷霆。记得有一次课间休息，有几位同学（班上以在职的人大老师为主）趁着她不在，翻阅了上节课的小考成绩记录。事后的那节课便成为美－中教育观的大辩论。其一她认为这一行为是侵犯隐私，是最不可容忍的恶事之一；其二是每位学生的成绩不希望公布出来，只是老师了解掌握而已。班上有几位人大本校的年青老师，一直与她争论不休。他们首先认为小考成绩不属于隐私，而且也有权了解，并主张把每个人的学习成绩公布于众，这是对每位学生的一种激励，成绩好的学生会再接再厉，成绩不好的学生也会更加努力，而且这是中国大学最普遍的教育模式。当时自己的英语水平还达不到能够辩论这类事情的能力，虽参加不了这场辩论，但感觉两者均有道理，也有过激之处。直到留学日本后，对美国老师当时的感触有了一定程度的理解。首先无论这事是否与你有关，均需争得当事人同意后才能"行动"。当然也包括亲朋好友之间。这是社会行为中最基本的道德标准，也是国与国之间文化差异的一种表现，需要双方的共同理解。

课堂上严肃的她课外却和蔼可亲，有一次打球时竟与老师在友谊宾馆不期而遇，从她在球场上的动作来看和四五十岁的人没有什么不同，但实际年龄最少也应该在60岁以上。从现在的体形不难看出，年轻的时候一定是位大美人。有了一次打球经历，自然就成了课堂外的朋友，每次打完球都会在球场边休息休息，聊聊天。运气好的话还会被邀请到她的公寓去作客，尽情地享受只能在高级饭店才能买到的外国饮料。渐渐的，师生关系变成了朋友关系，到了周末她还会带我们几个学生一起去长城饭店玩（当时北京最好的饭店之一）。那里的健身教练是她的朋友，体格实在是无比健美，浑身的肌肉和电影中的健美运动员一样，充满了生命的力量。时间长了健美教练也被邀请到班里为学生

上了一次运动普及教育课。当时正值盛夏，因常打球皮肤被晒得黝黑，记得他为了说明经常运动的人和不经常运动的人在剧烈运动后，前者会在很短时间内恢复正常脉搏数的小常识，并当场做了演示。也许知道我经常运动，而且确实是班里肤色最健康的一位（黑里透红），就让一位全班公认的淑女一起到讲台前按照他的口令重复做30次蹲起动作，完成后测一次脉搏数，2分钟后再测一次，当他十分自信地告诉大家，2分钟后zhang的脉搏数一定要比那位女生恢复得快时，得到的结果却是相反。惊讶之中一定坚持要自己亲自帮助测试一次，没想到结果还是一样，为此弄得健美教练很是下不来台。英语老师也在一旁用十分不可思议的目光看着我，好像是发现了什么"新大陆"。似乎在说："原来东西方就是不一样，从人种上就有本质的区别……。"事后才想起来，那天中午也不知道为了什么事喝了一瓶啤酒，因为皮肤"黝黑"，酒后微红的脸显得格外健康。老外还是水土不服，没搞明白东方人一晒就是"煤黑"，哪里会有红黑红黑的肤色呀！

过了这么多年，虽然英语早已不太常用，也都忘得差不多了，可那口结结巴巴中又稍带"纽约"音的英语全是她的功劳。

设计师最大的财富就是拥有作品。一开始并没有认真去思考这个问题，且最初的几个设计也并未将其视为作品来做，而只是简单地当成是一个"项目"去完成，包括事务所成立初期均是在完成项目。一年一人要做近20个大大小小的"项目"，其中要想出作品是多么的困难。现在想想当初的自己总以设计师自居，但实际上做的事充其量也只能称之为"产品"。整个工作室就像是一个生产车间，每天不停地运转，自己充当的角色就好似一个天天只会大喊"高产"的车间主任，一个纯粹的没有生活、只会干活的"工作狂"。这种现象持续一段时间后，渐渐感到问题不小并极力希望去改变的时候，承接了北京奥林匹克花园二期的景观设计项目。从一开始就把它当成作品来做，由于甲方后期资金的问题，很多节点均未实现，施

工图也因此做了重新调整。设计的时间是在2002年，当2004年竣工时，原始方案含金量高的部分只剩下"生命之墙"被最终做了出来，其他的部分均未实现。这也许是自己专业生涯中最受打击的一次经历，而且刚刚做好的"生命之墙"也在众人的高声呼吁下，没到两个月就被拆除。《landscape感性》一书第67页中的照片是刚建成时拍摄的，现在已不存在。原本因甲方问题，设计未被完全实现的情况虽然是一个悲剧，但也有先例，行业中也算较普遍的现象，不过刚刚完成经典部分的项目被拆掉的经历还是第一次。

"生命之墙"的主题是希望通过反映植物根系在土壤中的生长状态，来表现"看不见的自然"的存在，就像海底世界与宇宙绝景一样，也还存在着"看得见的自然"以外的"看不见的自然"，

进而挖掘更丰富的自然表现。同时还有一个更重要的观点是表现植物的"生命力"，并告诫人们去更加爱护户外绿地中的一草一木，增强人们的环境保护意识，也可以说是一种"环境教育"的体现。但不知是什么原因，自从建成以来一直未能被甲方新调来的一位领导认可，最后还是在各种压力下被强行拆除了。"文革"时有破四旧之说，很多极有价值的文物被拆毁，改革开放后的城市建设又掀起拆除旧市区内的"旧建筑"之风，当然也包括违章建筑在内。不过这次的"生命之墙"被拆好像跟上述两种情况均不沾边，既不是文保、四旧，也不是所谓的违章建筑，直到现在也未能搞清其中的原因。

此后也渐渐不见为怪了，直到2005年在日本做了一个只有35m²的私家小庭园后，才算又找回做设计师的感觉。最重要的是在如此小的空间里也可以做到如此之多的表述。要是放在中国，可能35m²的空间也许还到不了可做细节的规模。有了这次经验，开始对小空间尺度的设计越发感兴趣。此后在唐山、沈阳等项目中做了一些尝试，后来事务所完成的北京龙湖滟澜山及富力湾、天津团泊等项目的实践，完全证明了"细节决定一切"的真理。没有细节的设计，永远成为不了作品。不过目前我们只尝试了细节的一个环节，接下来还将计划尝试细节的第二个环节——场所空间的设计语言。严格说，大学在这方面的教育还需要加强。

虽然"生命之墙"被拆除，却领悟了一个道理，失败是成功之母。设计师的成长之路，始终伴随着失败，没有失败就没有成功。

赶飞机

我这个人有很多不好的习惯，其中最突出的问题是每次坐飞机都是在停办登机手续前5分钟赶到，最多也不会超过15分钟。总觉得早到机场是一种时间的浪费，所以每次都像打仗一样。除了2002年去上海的那次晚了几分钟没有赶上飞机外，其他都只是有惊无险或化险为夷。几年下来，对经常跑的几条道路的交通状况了如指掌。然而2008年1月底的那次赶飞机让我彻底失去了信心。

当时我们是坐CA296从东京直飞北京，赶当晚北京飞西安的飞机，正点到北京的时间是18：30，正好可以转当天的最后一班去西安的飞机。因为之前有几次相同的行程，均没有出现过问题，可是那天却整整晚了两小时，到北京已是20：30了，去西安的航班是赶不上了。没其他办法只能改签第二天一早

的航班，因为是参加大明宫遗址公园的国际投标，日本WAS西安事务所那边都快在电话里怒吼起来了。第二天早晨9：30抽签，如果抽到第一个汇报就必须在10：00前赶到，我们改签的第一班飞机最快也得在10：10左右才能够赶到会场。不过就算是抽到第一签，挂挂图、拖一拖怎么也能对付过去，这样总算是把同来的日本设计师天野先生的心安稳下来。但还是担心第二天出问题，最后决定不进市内了，让服务台介绍离机场最近的宾馆，好像是叫"国门路宾馆"。坐上车15分钟就到了宾馆，一下车，想起来了，大约在8年前飞机延误就被拉到过这个地方，当时只是等了不到两个小时就又被拉回机场。这次故地重游，一点变化都没有，难怪时别这么多年，还能一下认出来，只觉得设备更加陈旧，反正也没有几个小时

17

了，忍一忍算了。当去前台预约第二天的车时，得到的回答是只能等到第二天早晨看情况！这可不行，如果再赶不上，负不起这个责任。最后想出最稳妥的方法，去市内把北京事务所的车开过来，第二天直接自己开车过去，这样应该是最放心不过的吧！就这样又连夜进城把车开了过来，并打出通常所需4倍的时间，提前两个小时从这里出发，因为是早晨6点以前绝对不会有问题。可是那天一上高速就被堵住了，不过慢慢蹭也来得及，当过了收费站，情况变得更糟，车连一动都不动了！如果是出租车的话，还可以弃车，拿着行李跑都没问题，可怎么也没想到现在自己的车却成了累赘。人算不如天算，最终还是未能赶上这趟早班机，然而下一航班连头等舱的票都没有，尽管天还未明亮（7点前）就调动了北京的所有资源，最后还是勉勉强强改签到第三班9∶55起飞、12∶05到西安的票。想必这回不只是抽第一签的问题了，如果抽到上午的汇报将会前功尽弃。正在想怎么跟西安方面解释的时候，对方已迫不及待地打来电话："飞机准点吗"？我说准点，但是没……，不等我往下解释，对方已经"歇斯底里"喊上了，能想象当时对方快疯的表情。最后，谁也不敢去抽签，只好让翻译代劳，老天真给脸，抽到的是下午第一个汇报，总算平安度过并"顺利"在汇报开始前10分钟赶到会

场。不过最终竞标结果却一败涂地，原因是多方面的，但愿误机的影响是最主要的。也许是看老天爷的面子，最终此项目还是让事务所配合北京建筑设计院继续深化前广场景观部分。

从此以后再也不敢怜悯早到机场的那几分钟了，通过这次惨痛的教训，不曾再有错过飞机的事情发生。当时只有T1和T2航站楼，T3航站楼还没有建好。特别是赶上春运高潮，去机场的交通瘫痪，机场内比通常的火车站还挤，像个大车店。因为坐飞机，还经历了很多更奇葩的事，一次是赶到机场才发现带了身份证却没带护照，居然忘了当天是国际航班，还有一次是在日本，护照和身份证都带全了，习惯性地到了成田机场，却被已经很熟悉的柜台服务员告知今天航班是羽田机场，虽然相隔也只有六七十公里的距离但是时间上也赶不过去……，每次说起来都是一本血泪史呀！中国发展真快，2008年T3航站楼建成，2019年大兴机场启用，再也不会出现当年的窘迫。

2009年的一天，户田芳树先生来电话说是要在中国建筑工业出版社出版第二本作品集，希望能为此书的出版"写几句"。这又让我回想起2002年出版《户田芳树作品集》的情景，并仔细阅读了当时为作品集写的序和后记。也许是有一段时间没有如此投入地动笔写文章了，惊讶地发现当年是如此充满激情地写作，以至于如今很难再写出这样的文句，难怪总听人说，某某大师的作品还是初期的好。现在想想也许有道理。自感还未到达鼎盛期，却已叶落花凋。不过想想鲁迅先生的文章："家里院子种了两棵树，一棵是梅花，另一棵还是梅花……"。读起来似乎很有让人思考的余地。无论怎样，只能试着"再写几句"。

从2002年至2009年，已是有7年的工夫了，户田先生的作品到底又表现出什么不同的风格呢？从作品内容上看似乎已不太强调对空间整体形态上的刻意追求，而更加注重对细部处理的描述。就好像看到一位不施胭脂的妇女，却比花枝招展的女郎更具内涵和魅力一样，作品更具欣赏性。那些表面上的装饰已不太重要，最关键的是追求内心的真实性，告诫人们关注不经意的发现，也许是石缝中的一棵小草，园路旁的一朵小花，草坪上的一对恋人，水岸边的一群儿童，林荫下的一块散石，广场中的一队舞友，树丛中的芳香，枝干上的蜻蜓，慢慢移动的蚯蚓，清脆的蟋蟀声……。在这里人们不需要任何的"形态"表示，而是静静地享受、回味大自然的真谛。同时又赋予作品另一层面的表述，就好似忠告每一位来访者去进一步理解自然与人类的永恒关系。放弃自我，回归素朴，再现原真。寻求平凡中的不经意的发现……。也许这就是户田芳树先生的设计哲学，不知是否表达得准确，不过这是本人从户田先生的作品中获得的真实感悟。

最后衷心祝贺户田芳树先生第二本作品集在中国出版，同时也衷心祝愿，在不久的将来能看到第3本、第4本……作品集的相继出版。

之后，华中科技大学戴菲老师，安徽建筑大学聂玮老师，天津工业大学韦宇欣老师及深圳大地创想高若飞先生都有各自的专著出版，并为此作序。此外还有为青岛理工大学张安老师，南京农业大学张清海老师，重庆大学孔明亮老师，北京林业大学张云路老师、马嘉老师共同翻译出版长谷川浩己先生近作写的序。作为同行，殷切期望年轻人有更多优秀的作品及专著的发表与出版，在各自不同的工作环境下为社会作出更大的贡献。最后希望表达的是：人生是马拉松，切忌在乎那一时一刻的成与败，过于追求工作的有效性未必事半功倍，坚定不移地走自己的路，定会赢来山花烂漫时。

（部分引自：《从庭园到世博——户田景观设计30年》的卷首2）

现在从郑州至洛阳走高速1小时左右就可很方便地到达，可是2001年带着日本专家走却花了近4小时。虽然回到了祖国，语言上丝毫没有任何障碍，但有些事情总是阴错阳差，真有些"找不到北"的感觉，不过可以说也是一种经历。回味起来这种机会确实很难得，现在想体验，怕也难以实现。

事情是这样的，当时日本奈良文化财研究所的高濑要一先生、小野健吉先生率队来中国进行古庭园（遗址庭园）的考察调研工作。来访者中还包括日本千叶大学（Chiba University）藤井英二郎教授与韩国全南大学（Chonnam National University）白教授。我负责事先通过中国社科院考古研究所的白云祥所长联系好洛阳方面的相关部门并预定国内机票及住宿等方面的事宜，而唯一不确定的就是郑州去洛阳的交通。出发前得知有两种方法：一种是从机场直接坐出租车去洛阳，还有一种是从机场先到火车站，再从火车站坐大巴去洛阳。经与大家商量，考虑到出租车需要2辆，万一中途"走散"，怕会更麻烦，最终选定一起坐大巴。

我们一行5人很顺利的从北京飞到郑州，然后也较顺利地"打的"到达火车站，虽然交通有些堵，但一切还算是正常。此前去过多次郑州，但火车站是第一次去。下车后就直奔大巴车站，正好有一辆车马上准备出发，问它是走高速的快速大巴吗？回答说："是"。不过心里真有点拿不准，车严格上讲应该只能称得上是中巴，而且从外表上看也不是十分新，车顶上堆满了行李。看到我们有些犹豫，车上的小伙子干脆把车直接开到我们面前，执意让我们赶紧上车，并一再强调这车是直达车，正好还空5位，只要上车马上就出发。当时我还是半信半疑，高濑先生好像也希望赶紧上车，不过最终还是车上的司机说了一句话，让我们下了决心："这是今天最后一班车了，如果不上就没有了"。看看时间正好五点半左右，天也已经渐渐暗下来了，别再考虑了，快上车吧！就这样"很顺利"地出发了。因为是最后一排，车的减震系统也不太好，路面稍有些颠簸就会有很大震动。再加上后排座椅上的海绵垫子不太管用，每次震动稍大一些就感觉像是屁股直接撞在钢板上一样，好在城里的路还算平坦，上了高速后就会更好一些。确实正向预料之中，上了高速后的确平稳很多，心想再过1个多小时就可以顺利到达了，暗暗松了一口气。可是没有行驶多久，也不知什么时候中巴走下高速，问之原因，才被告知高速还未修到洛阳，没办法只能忍耐着巨大的颠簸。而且路越走越差，司机好像也觉察出后排座客人的"痛苦"，渐渐放慢了速度。就在这时另一个预想不到的事情发生了。中巴车居然开始途中随叫随停，没有座位的人站满了中间走道，而且每当有人希望途中下车的时候，为了争抢座椅，谁也不愿意首先将中间走道让出来而是越挤越紧，下不去也上不来。更遭糕的是外面开始下雨，原先放在车顶上的行李只好拿到车厢内，各自保管。我们一行5人，除了我是一个小手提箱外，其他日本人均是中等体量的旅行箱，其中那位韩国白教授是先到日本几天后一起随队来到中国，所以用的是一个较大的旅行箱。没办法此时的最后一排，每人都抱着一个大箱子，再加上后来又碰上一段土路，想必他们都一定快崩溃了，而且是越到后来上下车的人越频繁，驶入洛阳市区后更像是招手即停的中巴，等到了目的地已是晚上9：30了。肉体上的疼痛就不用说了，最关键的是精神上的"折磨"，也许是我们五人有生以来的初次体验。事后我一再解释道歉没有安排好，但每个人都强忍着说"没关系"。当时的我还不到40岁。可老先生们都快60岁了。现在碰到一起时还会说到当时的难忘情景，刻骨铭心！

千秋园

当时做千秋园的时候，实际上也没有特别花时间去认真思考，那是回日本一年后的2005年的设计，好像只草草用了不到半个小时就把所有的细节全部"搞定"。除了在最后设计阶段由于造价问题取消部分内容外，没想到完全按图将它施工出来，而且没有做任何修改，这也是从事设计以来的第一次。

千秋园的面积只有35m²左右，是典型的日本私家小花园。设计将园中最长的东西斜轴线作为主步道，并用6条南北方向的步石与其相交，既满足游赏功能，又明确了空间的领域感，并采用自然面的花岗岩石材，力求与种植更为融合。用瓦片的弧面组合做成滴水槽，移动花钵既能满足不同季节的花卉植栽，又能丰富空间的动态表现。东南向是从室内观赏室外的最佳角度，固将其设定为主景区，用微地形更好地表现

植被变化的同时，也起到了平衡空间的作用，其前方（北侧）设置了半圆形的简易枯山水，配设了置石和石灯笼，四周用草坪衬托。靠近住户的东北侧三角地段，用4条步石分隔出3块梯形花径，其中每块花径种植了4条常绿花带，主人在室内近可观花，远可观景。种植上有松（五针松）、竹、梅、春季的海棠、观叶的五角枫、芳香型的桂花。灌木7种，地被植物14种，后又补种了紫薇，真正达到了一年四季常绿有花。力求探索新日式风格的花园。园中每个细部均不放过，但也有几处未能最终完善，其中南部的弧形竹篱及西南角轴线对景雕塑小品均因造价问题，在施工过程中被取消。不过挑战小尺度、小花园（Gardening）的技法也是一种十分难得的尝试。

通过这次经历，获得了很多意外的

收获，其中一点彻底改变了之前的思维模式。真正体会到从设计到竣工再到后期的养护管理，实际上是一整套不可分离的有机体，缺一不可。

一般来说户外绿地要求最好是生长一段时间，慢慢地显现出设计的最终效果。总之都是希望植物茂盛起来才是最好，但小庭院却不一样，就像可爱的孩子，永远不希望它长大，最好就像一个"老小孩"。好在五针松、梅花、海棠、五角枫等都生长很慢，适当的修剪，几年下来基本上保持了设计的最初效果。但是，有一些地被植物就没有那么听话了，特别是常绿多年生开花的品种已经换过好多次，如果不开花，问题也不大，例如短叶麦冬等。要是空间景观的主体是硬质材料为主的话，也许情况会好一些，以有生命的植物等软质材料为主体的空间，虽有其无限的千变万化的魅力，但需要时时刻刻的"关怀和爱护"。与此同时，还需要经受防不胜防的病虫害的磨难等等。想做一个经典的好作品不容易，维护一个好作品更难。为此，之后又做了一个千里园，面积大了近一倍，园中只种了一棵丛生小乔木——日本白蜡。有时候知难而退、学会放弃也是一种选择。千秋园让我感悟到小空间的魅力，而千里园又教会我如何让空间更可控。

厦门的煎熬

2008年做厦门园博园设计师园的时候，正赶上与栗生明先生和PLACEMEDIA一起做厦门五缘湾海水温泉会馆之时，虽然在此之前来过厦门几次，但对当地的了解还是少之又少。好在设计师园的设计发挥余地更自由一些。最初8位设计师到现场的第一件事就是抽签，也许是老天的安排，把我和日本吉村纯一先生的地块挨在一起，对面是法国和王向荣老师的地块，而墙的另一边一列排开的是美籍设计师Li、俞孔坚老师、王浩老师、朱建宁老师的地块。

因为整体设计并未做成围合式的，同时硬质的构筑物也希望尽量避免，所以就要把细部做得精细，为此极力要求推荐一个好的施工单位。组委会也费尽心积，让当时承担厦门园的施工队承担这一地块的施工。用吴局长的话说，这个施工队如果哪儿没做好的话，不用甲方说，自己一定会砸掉重来。有了这话，就像吃了定心丸，干劲冲天。

施工一开始就出现了问题，因为是回填的河滩地。设计中用来表现"地层"的一面2米高墙的基础，需要开挖出近7米宽、5米高的深沟，然后填充石料，再在此基础上做墙的基础。这样一来不光影响工期，最大的问题是费用直线攀升。原本非常有限的施工费用还没出地面已用去了近3/5，这让施工队和我都很纠结。从此后年长的施工队长以厦门园太忙为由再也不露面了，每次交涉的只是他老人家的小儿子，而且一直以不同方式和渠道要求是否可以简化设计。这当然不可以！一定要按图施工，在这一点上没有什么可以讨价还价的余地。当时保持3个星期必飞厦门"盯"一次工地，结果还是无法控制施工质量。到最后的冲刺阶段，要求施工方最少2天发一次现场照片。可是对这一点要求似乎也很难满足，最后只好拜托组委会的工作人员帮助拍照片。但也只是一两次而已，再多的可能性已不太现实。此时施工方也觉得不好交代，干脆疏远我们，直至无法取得联系。

虽然只有1000m²的地方，在设计方的强烈要求下，最后动用了组委会的"大领导"才把一面玻璃墙和仅有的12棵树换掉，玻璃墙是因为怕被厦门的台风吹倒出安全问题，不换也不行。而12棵树在设计中是最最重要的主景树，但是园博园期间，整个厦门已找不到一棵形状完整的树。第一次种的树都是"光头树"，最后没办法，不管什么树种，只要不是"太光头"就可以，结果也只好放弃当初选用的凤凰木。其他要改的地方就太多了，再说也没有用。最后也只希望将4种地被种得密一些，有些地方还可以遮遮丑。没想到回答却是："再有半年就会长满了。"天呢，说的也没错。但是4种地被植物均种在不同高低起伏的"田垄"上，可是起伏的堆土根本没有压实，不用说半年，只是一场中雨就足以使其变为平地，后来特意来看园博会的同行见到我就说：在国外是不是就追求这种"种法"？一直都被认为是追求一种特殊的"效果"，而那些非专业的官员们却称这是一种"创新"。弄得我本人哭笑不得，好在这种"创新"和"效果"没有得以蔓延。

后来看到获园博会最高奖的厦门园精美的施工，心里很不平衡，也深知其中因素很多，不管怎样，哭着喊着磨合了近半年，总是从内心深处希望当面道谢，但施工方始终再未曾露面。人生一场，对现在的我来说"结果"已不太重要，"过程"才是最宝贵的财富。

青岛

中国的城市去了不少的地方，最喜欢的就是一些中小城市，但喜欢青岛这样的大城市还不是很多，说到青岛，从上大学开始就结下了不解之缘，大四时去南方实习，回来的路上4男3女背着老师绕道青岛，被校内通告处分是第一次，后来有一个当海员的朋友就在青岛。1998年回国后一开始接触最多的城市也是青岛，1999年一年去了不下10次，主要有国家园林城市评审考察、国际花园城市参选、东海路鲁班奖评审考察等等。青岛确实是一个美丽的城市，1999年就被评为国家园林城市，同年的鲁班奖也是继大连野生动物园之后，第二个以园林景观施工申报批准的项目，当时在国内沿海城市中应该是最出类拔萃的。那时主管城建的闵市长偶尔开玩笑说，以后给你在青岛买一套房，省得每次来都住酒店。

青岛的东海路由8个主题滨海绿地串连在一起，其中五四广场的"五四的风"和东边靠海边的"海带"的雕塑印象最深，还有微微起伏的地形，石竹等丰富的地被植物，可以说在20世纪90年代的中国应该被称为精品，就连后来新改造的香港路在20多年后的今天来看也一点不落伍。此后参与山东科技大学在黄岛新校区的景观规划，并承担了主教学区中心绿地的设计，后来工程进行并不太顺利，但结交了一位非常好的朋友杨总，2005年与日本的Espace事务所参与了在佛山北部的长春园小区的总体规划，也真巧Espace的董事长田中喜一先生小时候随父亲在青岛住过一段时间，据说是做盐生意的，而且就住在八大关里面。说起八大关，曾经在1999年住过一次，入住的是八大关宾馆，环境非常好，但是房间的设备和舒适程度似乎没有现在的星级宾馆好。田中先生凭着父母保存下来的老照片和大致的方位，在八大关的西北部找到了当年的住处，院子和建筑比周边的都要稍大一些，建筑风格有些偏欧式，我们说明了来历后，门卫老大爷接受了进院看看的要求，据大爷说，这个院子现在被一个法语学校租用，当天是周末，老师和学生们都休息。院子很大，植物虽未特别修整，但显得枝繁叶茂，有些庭园树种还是当年留下来的，最让田中先生惊讶的是，通往二楼台阶处的南窗居然和田中先生手中拿的当年居住时的照片完全一致。真没想到能保存得如此完美。那一天，田中先生都异常兴奋。

2008年9月，抽空赶在奥运会刚刚结束，又去了一趟青岛。首先我们去了奥体帆船中心参观，在我的想象中，也许离市中心有一段距离，走上观看堤，如此之大的整块花岗岩，整整齐齐地排列在一起，施工质量之高，应该说是一流的，材质颜色均一，绝对是高品质的材料。坐在上面看比赛一定十分享受。设计中导入了风力发电的设备，符合节能的大环境要求。走到尽头转弯往回走的时候，陪从说：你们看到了吗，不远的地方是五四广场，后面是市政府大楼。我这才注意到，奥体帆船中心就是建在距东海路非常近的最佳地段，也许当初的意图是希望把青岛最美丽的风景展示给来自五大洲的世界各地的朋友们，但不曾想到，由于奥体帆船中心的建成，使得从五四广场眺望大海的最佳绝景彻底消失，东海路当初被评为鲁班奖最大的因素就是很好地控制了东海路临海一侧的合理有机的建设，其中最大的特色是形成了以公园绿地为主的8处主题休闲滨海绿带，从东海路开车行驶时，大海时而一览无余，时而隐藏在绿丛之中，变化自然而丰富，是一条绝佳的景观大道。此后，其他沿海城市均有佳作诞生，但确很难与东海路相媲美，不过这次来青岛似乎有些失望，五四广场的落叶松已成林，原来是宽广的大海中唯有"五四的风"（雕塑）在海上飘动，而现在呢？"五四的风"被夹在两片绿林中间，唯一从边角处可以看到的大海，却又被奥体帆船中心死死挡住，沿途似乎也有更多的"构筑物"挡住眺望大海的视线，其中包括新建的"海洋世界"。这才不到短短10年功夫，如果再过10年也许东海路可以改名叫"香港2路"，彻底地失去当初东海路的魅力。我们试想，现在把"东海路"当成第二个"八大关"来保护的话，待我们的子孙拿着我们当年照的照片再来青岛，再游东海路，一定会让下一代兴奋不已。城市中的很多景观是不可再生的，它是一个城市文脉的延续，是一个地域的记忆，同时也是一个时代的烙印，每一位从业者都有责任思考应该给下一代，下一个世纪留下什么？

古今中国社会中的"环境"营造

殷代"苑囿"的出现，代表了帝王因狩猎而表现出对场所的占有欲，形式上只是对自然山野的"写实表达"。

西周时代的灵台、灵囿、灵沼的出现及放养观赏用小动物，栽培食用、药用等实用价值的植物，但也并未将场所作为观赏对象的写实庭园。

春秋战国时期，出现了人工筑建的池、山，其间设置亭、桥，成为"写意山水园"的雏形，并可感受到登高望远的愉悦。

秦始皇统一中国，使之大规模的营造宫殿——离宫庭园成了中央集权的象征。"上林苑"是其最具代表性的产物。同时也开始追求不死不老的"仙境"，出现了蓬莱仙岛。

汉代继续强化和丰富了这一场所的活动内容和设施，更尽情地享受其中之"乐"，随之出现的私家庭园中也开始设置"神仙岛"，将此前的神仙思想世俗化。

魏晋南北朝时在儒教的影响减弱的同时，出现了老庄的"无为自然"，曲水流杯、吟诗作词，王羲之的"兰亭集序"就来之于此。

隋代的均田制带来了经济的长足发展，洛阳的西苑成为此时期最有代表性的产物。并出现了人工再现自然的园林。构建神仙3岛的同时，体验龙舟、凤凰舟的畅爽。

盛唐的贵族文化，带来了超奢华庭园的涌现，同时科举制度下的文人治国，也使得文人筑园成为一种时尚，王维的辋川别业就是深受山水诗·画影响的代表作之一。

在宋代文人禅宗思想的影响下，形成中国文人庭园"简·疏·雅·自然"的原型，最具代表性的作品有北宋艮岳、洛阳独乐园。此外北宋的"湘潇八景"成为世界第一个"风景"的代名词，并通过朝鲜半岛，最终传至日本，并将文人庭园一直延续到元、明（前期）。

明（后期）以及清代的文人庭园达到了顶点，将享乐生活及财富的象征移植到庭园中。也正是此时，计成的《园冶》、李渔的《一家言》、文震享的《长物志》，得以问世。北京的"三山五园"和承德的避暑山庄又为世人展示了空前绝后的佳作。

随后的租界公园及民国园林，以融合中西方文化的形式开创了中国公园史的先河。"文革"期间的公园建设停滞及改革开放后的大发展，带来了现今的迅猛飞跃。世间始终处于不厌其烦的重复轮回，我们的行业是否也到了应该重新审视其发展方向的时刻了呢？古今中

外，人类从未停止过对"环境"的占有欲和支配权，如果让人类放弃这种"营造"似乎有些荒唐，就像西方人将中国的经济发展看成是"无法阻挡"的现实！显得很无奈。那么我们每一位从事本行业的人员，应该如何面对未来呢？是否还要追求从"之最"到"之最"再到"之最"呢？

注：参考笔者《庭园设计学讲义（中国庭园发展简史）》部分的内容。

［引自：大发展中的冷思考．中国园林VOL.27，NO.182，2011（2）文中的一部分］

最早看到户田芳树先生的作品是在日本造园学会作品集中，其中印象最深刻的是他作品中圆滑的曲线、大面积的缓坡草坪、开放简捷的空间、散置的构筑物、蜿蜒的小溪流水以及似水墨画般的水中倒影……，此外，还有一个比较独特之处，就是作品中经常出现宽幅的图片，而且很多是黑白照片。当时我只是觉得很有意思，也没有深想，但那变化极为丰富的缓坡草坪确实在我的记忆中留下了深刻印象。曾经这样对朋友们说，每当看到户田先生的作品，就好像不是在日本，而更像是在欧美。不过当你细细地观察作品的每个部分的时候，又会觉得充满了东方文化的色彩。与此次出版的另外四位景观设计师不同的是，户田先生在表现"自然的再现""自然的体验"的同时，更注重对"自然的描述"。当我看完户田先生为本书提交的7个作品后，对他的设计

风格、理念、手法等有了进一步的了解。

（1）与自然相融合

一般的景观设计师都会把与自然相融合放在十分重要的地位，从户田先生的作品中可以更深刻地领会到它的无限魅力。作品中经常出现借用周边的群山作为设计场所的自然背景。从而烘托大自然中的环境氛围，创造出一幅完美的风景画卷。

（2）人工与自然的有机结合

户田先生的作品中经常可以看到曲线、斜线或直线条的人工构筑物（墙体等）。可以说，这些构筑物给自然的草地、树林带来更丰富的色彩、质感和形态上的变化。这两种完全相反的要素，给每位游人留下了极深刻的印象，也由此形成了户田先生作品的独特风格。

（3）时空的描述

户田芳树先生的设计理念可以用三

个词来概括，那就是看·体验·描述。所谓"看"就是指视觉上的满足，"体验"就是用自己的身体去感受，"描述"则是更深一层次的想象，是物体内在的表述。户田先生的作品中就有以不同季节、不同天气状况（雾中、雪中）等表现作品更深层次的精神内涵的范例。这些作品可以说充分表现出东方文化的深刻含意和创作深度。

（4）如画般的水中倒影

一般水的利用可分为三种，向上喷的水（喷泉等），顺势流的水（小溪等）和平静的水面。前两种是"动"的水，充分体现出水的表情，而后一种是"静"的水，它同样可以利用倒影表现超越想象的景观效果，水中的倒影随视角的移动而不断产生无限的变化。户田先生在其作品中很巧妙地运用了这一手法，创造出的效果，就如同一幅水墨写意画。可以说是极富东方文化魅力的。

电话铃响了，对方是我小时候的邻居，"我们准备去莲花山，一起去吧。"莲花山，我实在搞不清那是什么地方，听出我有些犹豫，对方马上补充道，"那里有山溪、野花、玉米田、向日葵，还能捉到蟋蟀……"。这不正是户田先生作品中的景象吗？ 户田芳树先生用他自己的作品告诉我们，在日常生活中有很多不被发现，平凡的，但又是自然界的真实反映和写照的事物，他们是宇宙的缩影。用"风景计划"来表述我们所从事的工作，就是希望再一次唤起人类对自然的热爱和追求。他的作品不但可以使人们达到视觉上的满足，而且还使每位来访者有机会通过身体去感受和体验他所创造的空间，除此之外，他还特别说明必须用自身的语言去表达的行为才是一个完整的景观设计。正像喜欢音乐的户田芳树先生把自己的工作室看成是一个交响乐队，我们从户田先生的作品也不难看出其中的"诗情画意"。特别是雾中和雪中的景色，的确让我们感到无限的魅力。可以说，户田先生的作品在整体景观的创造上有其独特的风格和个性，而且在局部的处理上又不失东方文化的细腻，他把自己所从事的工作称为"风景计划"，这反映出他对景观设计的认识，那就是唤起人们对已被渐渐淡忘的自然界或者说宇宙中的每一件微小事物的关注和热爱。因为在这些微小的事情中可以看到全宇宙的缩影。景观设计的目标之一是让人们发现身边的一草一木，并且热爱她、关怀她、保护她、培育她……。最后我想用户田芳树先生的话来结束这篇文章："我认为在用自己的眼睛去看，用自己的身体去体验的同时，还应该用自己的语言去表述，这才是景观设计的第一步。"不知为什么，今年的"酷暑"显得如此之可爱。想起儿时家住在北京三环里面，到处都可以捉到蟋蟀，可现在住在四环外却连蟋蟀声也听不到。真是发生了"翻天覆地"的大变化。仅仅二十几年的功夫，会发生如此之"大"的变化吗？回答是肯定的，刚刚想减"负"的我，无形中又背上了大"包袱"。我们生活的空间原来应是可以听到蟋蟀的叫声，摸到河中的蚌壳……。这不是梦想，刚刚不还在我们的生活中吗？现在还来得及，让我们一起寻找它吧！夏日的骄阳，四溅的水花，大树下的小草，我要马上出发，现在就走。去莲花山……

（引自：《日本景观设计师户田芳树作品集》书中的一部分）

2

吾人小作

有节制的丰盛

——千里园

项目名称：千里园（日本）
项目所在地：日本千叶县松户市稔台
用地面积：66m² （中庭）
建筑设计：铃木弘樹　一空建筑（いっくうけんちく）
景观设计：章俊华　R-land北京源树景观规划设计事务所
设计时间：2016年12月
竣工时间：2017年12月
施工：平井建设（株）

图2-1-1　空间表情的媒介

这是一个约66m²的住宅中庭，建筑是3面围合，西南为1.8m高的护栏，由于东南侧为坡地，实际一层建筑只高出中庭60cm。形成一处日照充足视野开阔的凹形围合中庭。

由于业主要求尽可能利用原有自家小院内的材料控制成本，又需要在园中有一处户外休闲的停留场所。实际上这处住宅的室外大体可分为4个部分，入户区、中庭、坪庭（只能观赏的约2.75m²的小庭园）和南侧的家庭菜园。入户处除可以停2辆车外，其余部分留

出一处长约20m的通道，只在地面铺装与西北侧墙体处留出15cm的碎石带，选用纯白色的粒石缓冲硬质面，并在入户靠近建筑的端头种植一棵丛生四照花作为入户区的绿色添景，只有2.75m²大的观赏坪庭作为从卫生间的2条15cm宽的落地窗和浴室的西北侧的窗景，这里没有严格地按照枯山水的做法设计，而是简化了地面的纹样，并利用原自家小院仅有的1处石灯笼和瓦，组合成简约日式坪庭。

首先在起居室及卧室的最长透视线

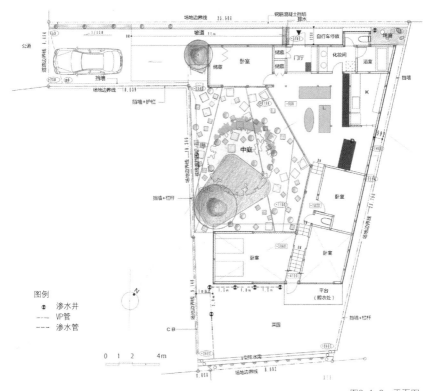

图例
⊕ 渗水井
— VP管
--- 渗水管

0 1 2   4m

图2-1-2 平面图

的端头设置了一处长近5m、宽约3.5m
的平台，一边平行于东西向，呈近大远
小的梯形。在西南角上种植了一棵形体
轻巧的丛生小乔木日本白蜡，成为中庭
中唯一一棵孤植树，树池做成异形隆起
状，铺满常绿的短叶麦冬，此处平台可
供7~8人同时停留。其余的部分自然
散置着50cm×50cm和30cm×30cm的花
岗岩石板，既承担了园内动线的功能，
又组合构成中庭空间的风格，3条亚光
釉瓦带规整了略显无序的空间。全园满

铺的碎石整合了分布凌乱的元素，深灰
色的平台彰显中庭厚重的氛围，与丛生
日本白蜡形成了中庭的主景，亚光釉瓦
带洋溢着"庭"的传统品位，碎石衬托
下自然散置的石板构筑了时空的秩序，
设计力求中庭的每一种材料都具备明确
的形体。在这里设计遵循：简而不贫、
锐而不利、润而不顿、丽而不艳、华
而不奢——有节制的丰盛（图2-1-1、
图2-1-2）。

访谈

对谈人：蔡凌豪（北京林业大学园林学院副教授，以下简称蔡），章俊华（以下简称章）

蔡：千里园是一个极小且极简的宅园设计，却用了一个很辽阔的名字"千里"，这个千里是来自于屋主的姓名还是您用以形容咫尺之庭所容纳的"丰盛"意象？

章：主要是业主的大女儿叫千里（chisato），其次也是希望通过园名传达该庭园在传统意义上对意境或者说禅意追求的一种时间与空间的表述，但是并没有作为核心，充其量也只是顺带，我们研究室一直在从事传统园林文化空间的研究，并已发展到东亚（韩国、日本）南亚（越南）等汉字文化圈国家。利用文字信息描述空间特征的手法在传统园林中极为重要。

住宅建在一处坡地上，入口区及坪

图2-1-3　场地全景

庭在最高处，家庭菜园位置最低，中庭正好处在高差的中间位置，形成三面围合、东南向打开的私密性极好的住园。中庭种植了唯——棵丛生小乔木日本白腊，除此之外，这里所有的元素都是固化的，以确保空间尺度恒定性的同时又承载着自然每时每刻的细微变化。黑底亚光面平台上的树影，散置石板的自然凹凸，满铺的黑碎石……让咫尺之庭容纳四季昼夜无限变化的"丰盛"成为空间表达的语境（图2-1-3～图2-1-7）。

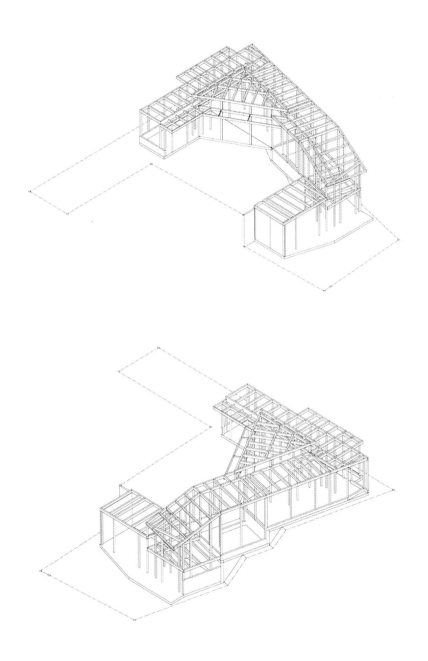

图2-1-4 建筑木构造图

图2-1-5　坡地现状

图2-1-6 初夏的中庭

图2-1-7　上图：开工仪式；右图：首层混凝土基础施工现场

蔡：可以看出千里园的母本源自日本的禅庭，简约、抽象和内敛，凝固的物的质感铺陈上流逝的光影，您用一系列语汇：简而不贫、锐而不利、润而不顿、丽而不艳、华而不奢来形容节制之美，您能否更加深入地诠释一下"丰盛"的具体所指？

章：与中国明、清时期相反，日本镰仓时期只追求华丽，而室町时期却转为崇尚"诧び（wabi）""寂び（sabi）"，认为这种隐喻的"美"存在于残缺、孤独、凡、静之中，是日本传统文化的精髓，如同吉村贞司在《日本美の特質》中写到的那样："中国与欧洲大陆有很多相似之处，视雄伟壮丽为美，而日本受地理条件与气候环境的影响，视非完

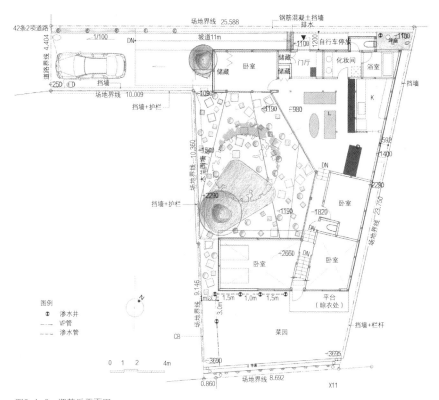

图2-1-8　调整后平面图

整、非固化、残缺为美，"有节制的丰盛"正是现代版日系文化的精神所在。

中庭从建筑方案开始就成为项目主导，为了消除中庭高差，调整了多次建筑方案，最终让底层卧室屋顶成为中庭东南向高60cm的另一处延伸平台。两种尺寸、色系不同的全手工制作的方形置石，弧线沟边的锐角不规则四边形平台，亚光釉瓦的非平行直线，利用最有限的元素、最节制的形式表达"丰盛"的所在是设计的首选（图2-1-8～图2-1-14）。

图2-1-9 模型调整

图2-1-10 手工自然面

图2-1-11 初冬的中庭

图2-1-12 基础面层及挡墙施工现场

图2-1-13　初春的中庭

图2-1-14　初夏的清晨

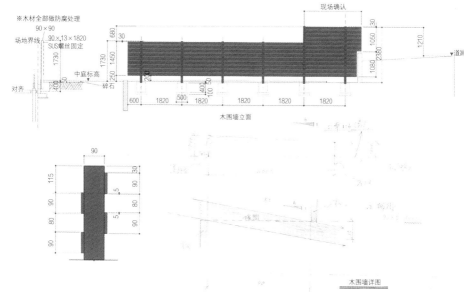

※木材全部做防腐处理
90×90
场地界线
90×13×1820
SUS螺丝固定
1730
中庭标高
碎石
对齐
400

现场确认
680
30
1730 1450 250
600 1820 500 1820 1820 1820 1820
270
400 100 50
1050 30
2380 1080
1210
道路

木围墙立面

90
115
90
80
90
30
5
90
80
5
90

木围墙详图

图2-1-15　左图：木栏详图；右图：技艺纯熟的工匠

蔡：尽管脱胎自传统园林，但国内的风景园林设计师或者景观设计师更加倾向于从事公共景观的设计，因为私宅的设计会受到业主的自身喜好的制约而无法发挥设计者的主动性。您在国内做过很多大型的项目，比如新疆博乐的一系列作品更是广阔的大地景观，为什么要在日本做一个如此之小的宅园？

章：首先，设计最怕的就是失控，而小尺度空间相对来说比较容易实现可控。因为尺度让专一的表达成为设计师唯一的选择，我个人认为只有做好小尺度的设计才能真正领悟空间语言的存在。包括安藤忠雄、隈研吾等日本建筑师在内，很多设计师都是从最小的住宅建筑开始。其次，沟通能力是设计师必不可少的基本功。黑川纪彰曾经说过："一流设计师必须具备最极致的专业功底和最强大的沟通组织才能"。无论是公共景观还是私宅业主，通畅的交流及相互的信任是项目成功的保证。

无论是新疆还是北京大小项目，和施工单位的沟通尤为重要。特别是在新疆，施工力量参差不齐，施工技术和质量难以保证，这样就要求设计师以诚相待，施工的用心决定了作品的成败。日本的施工技术相对稳定，不仅世代从事施工的世家让他们以此为荣，熟能生巧的经验与匠人精神让每位从业者均充满无比的自信（图2-1-15～图2-1-18）。

图2-1-16 盛开的日本丛生小叶白蜡

图2-1-17　中庭施工现场

图2-1-18 客厅看中庭

图2-1-19　入口通道

蔡：对比千里园和您在新疆的系列实践，尽管尺度差异巨大，却能够看出同样隐藏在看似散漫自然的空间结构中的抽象秩序。您是否认为，设计实际上是在无垠自然中发现并显影秩序的过程？您如何在设计中发现并控制秩序？

章：设计的全过程实际上就是最大限度地避免冲突的过程。不要求全部都是有用功，但至少应该遵循不相矛盾的操作原则，只要做到不减分，哪怕是其中掺杂着无用功的细枝末节。因此要求设计过程所有的操作均保持着相互之间的关联性，从属同一有机体之中，是在同一体系内的变化。规避一切异化的"语言"，力求简明、精准地表达设计意图。也许正是因为始终追寻着操作间地关联性，塑造出来的场景就自然而然的呈现出属于此空间的秩序。

这个项目并没有刻意强调空间秩序的存在，更多是寄托中庭每个元素都能成为传达自然现象（阳光、雨水）与季节变化的媒介，形成取之不尽、用之不竭、变化无限的场所秩序。为此刻意地塑造某种娇娆的形体常常适得其反，借自然的力量演绎空间的魅力成为设计的核心（图2-1-20~图2-1-23）。

图2-1-20 初秋的中庭

图2-1-21　钢筋混凝土挡墙及基础施工现场

图2-1-22　台阶通廊围合着中庭

图2-1-23 初春万物复苏

蔡：据说您在大学时代是一个非常活跃跳脱的人，尤其在足球场上（笑）。但您的作品却像刚才说的那样，实际是由一套非常严谨的逻辑语言来生成的，无论是宏大的空间叙事语言还是细部的建构方法，这种思维模式是在日本求学、执业过程中形成的吗？假如一直在国内您的设计还会是现在这种状态吗？

章：大家都说生活中的我是很随意、讨厌被计划束缚的自由人，喜交不同行业的朋友，一旦接触到工作，就像当铺刀钻刻薄的账房先生，口无遮掩，事必躬亲（无奈的笑）。也许与常年在日本工作有关，就像深居孤岛的老汉，屏蔽了当今社会的所有诱惑，视图如命，赤诚专一的热爱，这一切都应该归功于环境所迫。像我这样不太受约束自由散漫的人，假设一直在中国的话，那必将成为只会天天高喊多产的车间主任。

受中国北宋潇湘八景的影响，日本出现了近江八景、金泽八景等，据青木阳二先生的研究，现在日本有2000多个县市都存在八景。此外，日本传统庭园中蓬莱、瀛洲、方丈3仙岛及赏月台都是必不可少。这里把几乎被现代人忘却的传统赏月引入中庭，盛夏中庭宵夜赏月回归到诗情画意的享受中（图2-1-24～图2-1-26）。

图2-1-24　中庭畅饮

图2-1-25 中秋赏月

图2-1-26　十五的月亮

蔡：您能否对比一下中日两国设计师的生存环境的差异并预测一下中国未来风景园林的发展愿景？

章：日本同行，特别对于青年设计师来说，苦于没有太多机会，严重影响设计师的成长。与20世纪六七十年代老一辈或者接受欧美教育90年代初回日本创业的新锐设计师比当今这一代设计师可谓是生不逢时。就像日本著名社会学家上野千鹤子女士在2019年东京大学新生入学演讲上说到的那样："这是一个即便努力了也不一定会得到回报的社会"。而中国设计师相比国外，由于机会过多，来自各方面的诱惑也多。有多少天赋极佳的设计师被不知不觉地同流合污，以至于迷失方向。设计如同修行，要耐得住寂寞，能走出来的都是俊杰。

传统园林要求在一个空间中演变为多个完全异质的，最好是相互独立的小空间，无论在形式还是尺度上都追求步移景异的效果。而现代景观则寻求在同一个空间中创造多样且非异质（同质）的、相互间存在从属关系或者是同一体系内的变化，而非若干完全不同的空间（图2-1-27、图2-1-28）。

图2-1-27 非人工种植自然生长的郁金香

图2-1-28 从入口处停车场俯视中庭

蔡：目前国内外风景园林的主流思潮是生态的、过程化、国土化的宏大叙事，更倾向于规划和系统架构的层面，基于艺术和形式语言的设计被认为是自我陶醉式的画意审美而受到轻视，从近十年来ASLA的获奖作品能够清晰地看到这种思潮的演变过程。您如何看待这种思潮？

章：噢，第一次听说，在日本正好相反，这里唯有落成的作品才是设计师的最终目标，就像大多数著名建筑一样，大家只知道建筑师，而结构、水电、暖通等相关专业的设计师均不为大众所知。不过从风景园林专业特点来看，我们通常把其称之为规划设计专业，也就是说既有"规划"也有"设计"。所以说大规划项目获奖也不足为奇。对于能落地的作品，设计师大都乐在其中，很少听说有谁年年国外获奖，国内对获国际奖的追崇和过度解读也许是中国当今风行的一种"社会现象"吧。

园林是一门传统的行业，是艺术和技术的结合，它随着时代变化而变化，但是万变不离其宗，技术是引领，艺术是核心。目前国内设计师过于崇尚技术，认为技术可以解决一切的倾向如果成立，岂不是设计师都变成工程师了吗？事实证明，无论技术如何发展，最终也无法取代艺术的核心地位。此外，当今社会还存在过于强调设计理论和作品神秘感的"现象"，与日本建筑大师槇文彦所说过的"越简单越易懂的设计才是好作品"左书右息（图2-1-29～图2-1-31）。

图2-1-29 三面围合的中庭

图2-1-30 从中庭看客厅

图2-1-31 中庭南侧开放的视野

场所的界定&连续

——新疆博乐锦绣健身广场

项目名称：场所的界定&连续——新疆博乐锦绣健身广场
用地面积：1.2hm^2
项目所在地：新疆博乐市
委托单位：新疆博乐市规划局
设计单位：R-land北京源树景观规划设计事务所
　　　　　方案设计：章俊华 中原恭惠 咸光珉 王宏禄
　　　　　扩初设计：章俊华 白祖华 王朝举 张鹏 王宏禄
　　　　　施工设计：章俊华 胡海波 于沣 马爽 杨晓辉
　　　　　电气、水专业：杨春明 徐飞飞 李松平 侯书伟
配合专业：建筑设计：许建强 杜宏伟
　　　　　建筑结构设计：彭奇
　　　　　建筑电气、水专业：张丽莉
　　　　　设计协助：沈俊刚（新疆博州建设局）
施工单位：新疆博乐市政晟欣市政工程有限公司
设计时间：2012年4月~6月
竣工时间：2013年5月

图2-2-1　自由生长的河柳，增添了场所的氛围

场地位于新疆博乐北京路与锦绣大街交叉口的西北角，是连接新老城区的必经之路。如何在西高东低、呈狭长形的用地中解决起到提升城市风貌的景观节点作用的同时，又实现方便市民健身集散的使用功能，最终通过场所的空间形态，表现出既具地方的独特性，又不失当今设计潮流的本质，是此次设计力求营造的基本出发点。

首先，沿锦绣大街的狭长方向将场地再细分化，形成5条异质的带状空间，靠近锦绣大街的两个条带分别用"田之带"与"水之带"表现开敞、明亮的地域特征，其后用"绿之带"将健身空间的使用功能与城市景观节点的观赏功能分开，最后又由西北两侧的"林之带"构成广场的绿色屏障。在这里，开、分、透——构筑了场所空间的时与序。其次，穿插在绿丛中的弧形墙及20m高的钢柱，打破了过于规整的空间构成，寓意敖包礼仪的精神内涵。由低渐高的曲墙、高矮变化的开窗、宽窄不一的门洞，均凝聚着场所空间相互交融、渗透的一种期盼。在这里，围、闭、通——整合了场所空间的板与昧（mèi）。最后，采用3横5纵的路网，将场地有机贯

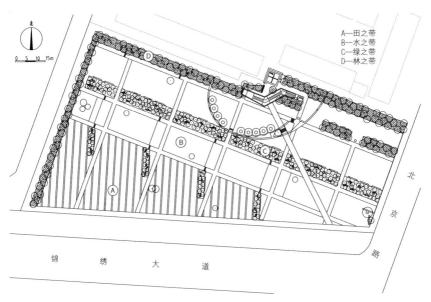

A—田之带
B—水之带
C—绿之带
D—林之带

北 京 路

锦 绣 大 道

图2-2-2 平面图

穿，在满足市民便捷使用的同时，强化空间的导向和次序。斜中轴线强调主场所的存在，屋顶平台的设置为游人创造了俯视全园的可能。在这里，连、隔、汇——开通了场所空间的动与聚。

条状的种植界定了地表表情的差异，勾画出旱生地被的潜在魅力；机切刨槽花岗岩铺砌，形成阳光中变化的"万花筒"；乡土河柳及林下旱生花境，实现地域印象的"演义"；灰红相间的烧结砖，编织着民族图案的意向；看似乱无章法的散植乔木，亦不失场所空间的规整；按年龄段设置的健身器具，具

有合理便捷与功能布局的考量；落差的溢水，形成动静水面的诠释；博乐红石板的叠砌，成为乡土情结中的新潮；手工开凿的圆石盘，偶遇中的极品；6座透而不堵的萌芽构架，展现了空旷中的充实；4组斜交种植池，形成竖横中的互补；长条石凳与拉丝钢管，简约中存在较量；凹凸变化的侧壁，在统一中实现强化。

这里希望通过开/闭，透/封，通/堵，敞/围……的设计语言，尝试构筑场所"界定&连续"的空间形态（图2-2-1、图2-2-2）。

图2-2-3 方案草图手稿

访谈

对谈人：闫明（原筑景观设计总监、北京大学在读博士，以下简称闫），章俊华（以下简称章）

闫：我注意到新疆博乐锦绣广场是2012年的项目，现在离它建成已经过去近十年了。这十年的时间中您或者您的团队有再去过现场么？我想了解建成后广场作为当地市民日常生活空间的一部分，是如何被使用的？

章：我们在新疆一直在做项目，前后已经有近20年了，这个小广场是在博乐的第一个项目，从2012年开始基本上每个月都有往返，一直持续到2019年。大大小小做了七八处。因为之前当地很少有广场式的市民日常生活户外公共空间，利用形式超出了想象。昼夜被广场舞大妈们占领就用不说了，四五十厘米深的水池也被孩子们当成了游泳池（苦笑）（图2-2-3、图2-2-4）。

图2-2-4 施工现场

闫：2012年应该算是中国建设最如火如荼的时期。建筑师、规划师和景观设计师从北京、上海、广州这些大城市到中国每一个角落去参与设计项目。我猜想处在这样一个时期的设计师并不了解中小城市或者乡村人的生活（现在可能也还是一样）。即使有一定生活经验，这种经验也仅仅是停留在十几年或者几十年前。

章：是这样，一开始走了很多弯路。失败是成功之母，实际上我们从2000年开始陆陆续续接触新疆项目在这一过程中不断成长。好在那个时候是从无到有，也正是这个时期，为设计师提供了自由通达的从业环境。之前是"有"和"无"的问题，而现在是"有"到"最好"才行。需求标准天壤之别（图2-2-5～图2-2-9）。

图2-2-5 戏水的儿童，设计之外的利用

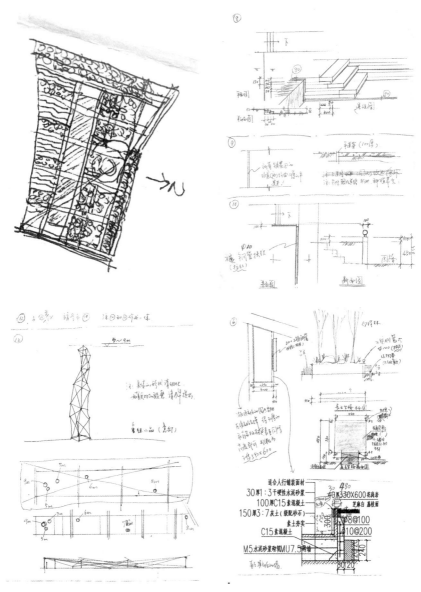

图2-2-6 平面构思及详图手稿

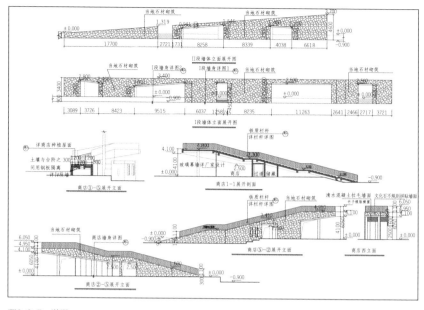

图2-2-7 详图

图2-2-8 围合场地内外（施工中）

图2-2-9 利用不同角度的刨槽铺装,表现石材深浅的差异

闫：如果说设计师所做的地方城市项目的出发点是与当地生活相关（比如锦绣广场项目定位在市民广场），那么从大城市来的设计师所设想的，或者构建出的一种中小城市的生活，和当时当地人们真实的生活有多大差距？设计师的设计作品是应该去迎合、适应当时当地人们的生活，还是应该去建造和引领一种全新的生活呢？（比如说万达商城，巨大的集中化的室内城市空间，拥有众多之前中小城市完全不存在的商业品牌，它的出现建构并引领了全新的地方城市的生活方式。）

章：可以说根据设计师喜好不同，设计风格也不尽相同。我习惯最大限度地规避分区式的固定活动及强制动线，把提供更加内敛的多功能性场所作为设计的座右铭。《爱与支配的博物志》（*Dominance and Affection: The Making of Pets by Yi-Fu Tuan*）一书中提到：人与场所存在着爱与"支配"的关系。任何渺小的生物体均有强烈的支配欲，通常情况下除主题公园的特定场所的要求外，景观设计应该是随遇而安的场所设计。对于万达商城来说，景观是仅占其一小部分的商业综合体（图2-2-10～图2-2-14）。

图2-2-10　利用种植分隔空间

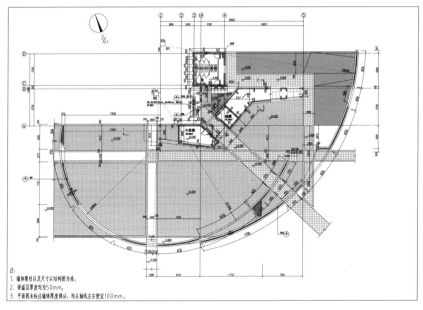

注:
1. 墙体梁柱以及尺寸以结构图为准;
2. 保温层厚度均为50mm;
3. 平面图未标注墙体厚度部分,均从轴线左右侧宜100mm。

图2-2-11　小卖及管理间平面

图2-2-12　施工现场

图2-2-13　清晨中的水池，恬如镜、浩无限

图2-2-14　折线状的台阶，将视线引向空中

闫：章老师如何看待自己的这一系列新疆博乐的项目？它们属于迎合当地当下人们的生活，还是要创造一种完全新的生活方式呢？在设计过程中是如何考虑这一问题呢？在高速发展的年代，设计师经常会在自己生活经验之外的地区做项目，很多情况下是"空降"。怎么样批判性地看待这个"空降"的问题？如果把这一现象扩展到整个中国、整个时代和整个行业，您觉得"空降"是如何塑造了新的空间和新的生活。

章：当今社会的国际化程度日新月异，我所在的日本千叶大学已经从2019年4月入学的新生开始，把在学期间去国外交流或短期留学作为每位学生毕业的前提条件。在这种信息技术不断高速发展的大环境下，相信随着全球化进程的不断发展，对这种差异的感知会越来越不明显。新疆一系列项目中，例如：恬园、瑞丰葡萄酒庄、环岛等均是非常规的设计，葡萄酒庄可能更"无中生有"一些，最终追求作品的原创性。此外，像库尔勒孔雀公园、和硕滨河公园、团结公园、拜城中央公园、博乐人民公园等大型城市公园项目则更多的是侧重满足市民户外休闲活动。实际上这些项目中两者间的区别并不十分明显，根据项目的综合条件不同而各有不同偏重。"空降"本身并没有问题，关键是设计师能否理解并驾驭所面对的诸多因素和条件（图2-2-15～图2-2-18）。

图2-2-15　左图：野生状态下的河柳；右图：整石条椅

图2-2-16 通而不透的空间

图2-2-17 内外通廊

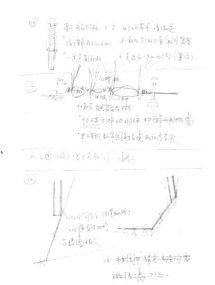

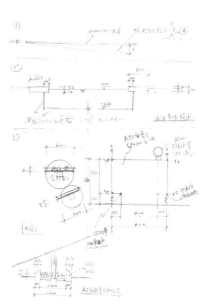

图2-2-18 详图手稿

闫：我注意到有两类设计师可以用来作对比，一类是 Renzo Piano, Zaha Hadid, SANNA, Richard Meier , Peter Walker 等。他们共同的特点是他们会做一种房子获得成功，成功后的建筑、景观特征成为符号，然后把它推到世界各地，比如Renzo Piano，他在纽约、伦敦、芝加哥、东京等地做的项目甚至连节点都是一样的，他们会使用自己标志性的手法、系统、解决方案并通过项目输出到全球各处，我们看到的是全球不同地区项目之间的高度相似性。

章：在这一点上建筑和景观还是有很大区别，就建筑本身来说相对比较容易"快餐化"，应该说是时代的产物，就像日常很多人喜欢吃快餐一样，有它不能取代的受用性。设计上没有绝对的正确与不正确之分，同时也受到社会发展和变革的影响，就像大家经常谈到的"行活"一样，本身并没有什么不好，甚至说是完成度高、相对成熟的设计，问题出在过于"泛滥"就渐渐失去了它的价值所在。

闫：另一类设计师是 Herzog & de Meuron, Heatherwick 等，他们每一个项目几乎都是从头开始，从不同的文脉、概念、材料、批判、想法出发，之后沿着完全不同的发展道路前进，每个项目之间的相似性很小，相对独特。

章：这类作品常被称之为"手工活"，是最理想的状态。但是必须明确的一点就是，虽然设计师每个作品呈现的主题和对象不尽相同，导致形式上的差异，但是设计都始终遵循着一个共同的文法。由于每件作品都是"手工活"，要求更多的时间、更多的思考及设计师更丰富的经验和掌控力。

闫：无疑第一类设计师的工作方法是高效的和低风险的，他们把设计项目看成解决问题，用已有的词汇句法和技术解决经验去直接面对问题，有效解答，同时在这一过程中发展、磨炼已有的技术。但同时它也是相对无聊的，存在大量的重复与类似。而第二类设计师是天才的、创新的和低效的。但是经常可以产生让人惊喜的思维角度与结果呈现。他们不放弃任何自我表达的机会。

章：完全同意，为青年设计师积极思考这类问题感到无比的欣慰，相信中国设计走向世界的时代一定会到来（图2-2-19～图2-2-22）。

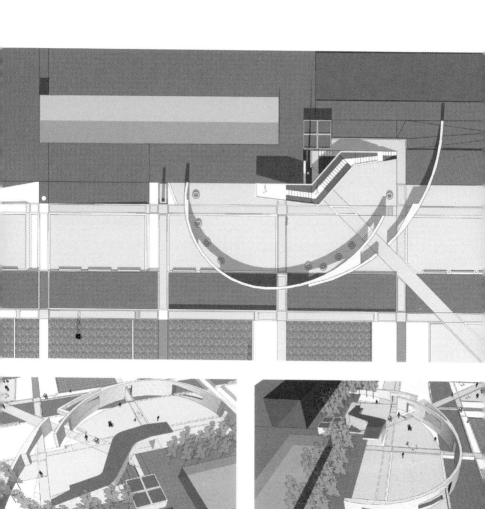

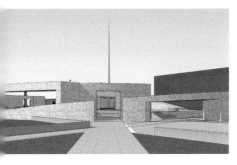
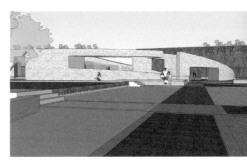

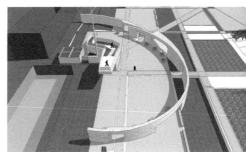

图2-2-19　不同视角模型

图2-2-20 通道尽角的休息空间，承载着阴之带的空间转换

图2-2-21　广场俯视

图2-2-22 竣工前后

闫：请问您是如何看待这两类设计师以及在全球化背景下他们的工作方式及所带来的结果？您认为自己更偏向于哪种类型？如何看待设计特征被"符号化"这一过程？这种过程是强化了设计师的自我表达，还是限制了自我表达？在中国当代景观的语境下您是如何看待景观设计中"自我表达"这个问题的？

章：这两类设计师的共存成为常态化的状况会一直持续下去。杜绝哪一方的存在都近乎不现实，也许这就是社会发展的规律吧，本人更倾向后一类（"手工活"）。设计特征被"符号化"是发展过程的必然结果，只要不是无条件式的全盘照搬，就有它生长的土壤。在设计师还未完全形成各自的设计语言之前，被动和主动也许会将设计师的自我表达分化成强化和限制两种类型。个人认为设计过程本身就是自我表达的过程，结果因人而异，有表达欲极强的，也有不太善于表达的，最关键的是如何恰到好处地表达（图2-2-23、图2-2-24）。

图2-2-23　竣工前迎来的老少游客

图2-2-24　入冬前

图2-2-25　草花地被

图2-2-26　内外不同视角

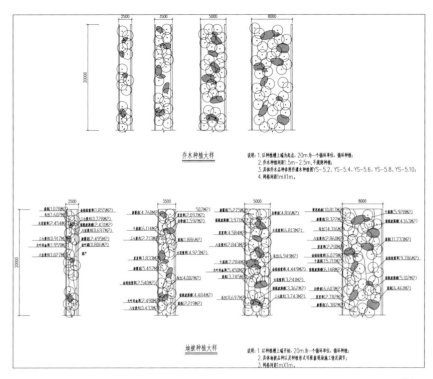

乔木种植大样

说明：1. 以种植槽上端为起点，20m为一个循环单位，循环种植；
2. 乔木种植间距1.5m-2.5m，不规则种植；
3. 具体乔木品种参照乔灌木种植图YS-5.2、YS-5.4、YS-5.6、YS-5.8、YS-5.10；
4. 网格间距1mX1m。

地被种植大样

说明：1. 以种植槽上端开始，20m为一个循环单位，循环种植；
2. 具体地被品种以及种植形式可根据现场施工情况调节；
3. 网格间距1mX1m。

图2-2-27 种植图

闫：也想请章老师谈一谈在您所了解的日本景观设计师中，以上提到的两种类型设计师，哪种类型的设计占主流？在日本教育界和实践界是如何看待和反思这一问题的。

章：日本有一批深受Peter Walker现代主义园林风格影响的设计师，例如：佐佐木叶二、宫城俊作、三谷徹等，但是他们的作品都自觉不自觉地融入了日本自身文化。当今日本设计界传统和现代并存，很难说哪方占主流，如果一定要判别话，现代主义园林风格的作品关注度相对高一些。再者，Peter Walker称他的设计风格受到了日本文化的影响，传统与现代从一开始就并没有完全绝对独立与混合，现阶段的教育界和设计行业也对此没有太多的争议，和平共处（笑）（图2-2-25～图2-2-27）。

闫：想请问章老师如何看待"地方"的问题。在锦绣广场设计的说明中您提到"最终通过场所的空间形态，表现即具地方的独特性"。

章：去过新疆的人想必都有宽广辽阔之感，人类活动的轨迹明确简单，而反映到形体上最明显的特征之一就是与自然的"突出"，在这里有别于自然界的理性线形空间被视为构筑场所特征的手法之一（图2-2-28、图2-2-29）。

图2-2-28　废石盘的再利用

图2-2-29　竣工前

闫：锦绣广场的平面让我想到了Peter Walker的现代主义园林，他将空间的划分凝练到了网格这一最基本的形态。从西方文化传承的角度来看，这种对于场地（城市）的网格化处理可以追溯到古希腊的希波达莫斯和西方理性主义的开端。其中蕴含着对于数学、理性和逻辑的乐观推崇。而这一传统紧紧地和现代主义和现代化联系在一起。简单来说，Peter Walker这一无差别的对于场地的网格化处理，可以与建筑领域柯布西耶的光辉城市、密斯的国际式作类比，他们都塑造了一种乐观的、抹除历史记忆、消除地方特征的无差别空间。在空间上的体现是精练的无特征的方形体块（具体到Peter Walker是风格无差别的网格），在建造上的体现是白色的方盒子，对于各种建造关系、历史传统和文化特征的抹除（在Peter Walker风格的园林中的体现是地貌和空间的数学理性化，对网格填充植物的异化，让其更多地呈现出几何特征而非自然形态）。

章：建筑与景观最大的区别在于，建筑是一个已经固化的、明确的物体，但是景观相对于建筑而言是一个含糊、动态的物体或场景。Peter Walker作品中的每个元素都尽可能地做到有形化。从某种意义上讲用明确的地表形体去构筑场所空间主体，他对当今行业的影响是不言而喻的。随着施工技术的不断完善，近些年出现了更为复杂的以曲线形为主体的空间构成。但是自从21世纪初期EARTHSCAPE的团塚荣喜作品的出现，使得场地艺术化再次赢得更多的青睐，再到2018年石上纯也的水庭诞生，使得用自然的力量表现场景力成为未来的风向标。从传统到现代再到后现代，始终呈现出永无休止的轮回。

图2-2-30 采石料场及施工现场

闫：另一角度来看，网格又可以看作是在人类历史长河中，各民族、各地区都有采用的一种中性的手段，在每一个具体的个案中，网格作为一个中性的系统最后都吸收和容纳了历史、地方、时代和生活的信息，在这一过程中网格变得有"意义"。在锦绣广场这一设计中，最为主要的平面和空间特征是对于场地的网络化分隔，想问章老师在设计过程中是如何考虑"地方特征的抹除"与"地方特征的建构与再现"这一关系的？

章：锦绣广场上的网格最主要的还是为了解决场地东西向5m高差和人流集散的功能需求。有很多方法和形式可以解决这些问题，但作为街景看和被看的角色转换及当地施工技术条件的综合考量，这种形式的出现是最安全最简明的选择之一。当年给州书

记（现自治区副主席）第一次汇报的情景还记忆犹新："教授，我怎么看像是在做兵营呢？"正常情况下这个项目就此宣告流产，因为无论用专业上的解释还是不解释都已杯水车薪，无济于事。最后在全场肃静了三四秒后，我从口中说出的话竟然是："相信我，这一定是个好项目"。余光中感觉得到在场的所有人都瞠目结舌。全场又进入死一般的宁静，大约又过了四五秒钟，书记终于发话了："好吧！就听教授的。"真是度秒如年呀（笑）（图2-2-30~图2-2-36）。

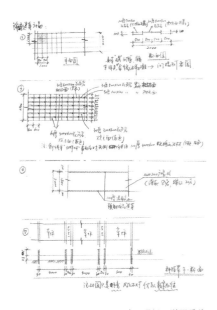

图2-2-31　施工现场及详图手稿

图2-2-82 通道与水池、草地——刚与柔的交融

图2-2-33 草坪中的八宝景天，衬托着田之带的玑理

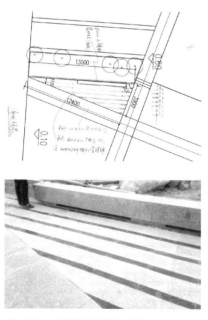

图2-2-34 图纸调整及铺装施工现场

图2-2-35 烧结砖与石材组合铺装

图2-2-36 俯视广场

闫：此外我也注意到章老师有一系列的新疆实践项目，在其中都有对于材料有特色、有创新的使用方式，比如葡萄园中的石砌种植空间、锦绣广场中的红色岩石砌筑景墙等。这些材料的使用方式与我们日常所见的使用方式不同，因此呈现出一种陌生感和"地方"趣味。同时，在一些项目中，也大面积地使用大城市中常见的大面积花岗岩铺装、出现绿篱等随处可见的无地域特征的材料和用法。想请问章老师是如何在设计中均衡两类材料的使用？章老师是如何通过材料的陌生化使用来建构"地方"的？

章：首先，几乎所有的项目都是经过与甲方的多次交流后的成果，除了方案阶段的调整外，施工过程中也有被叫停的经历，一个项目的落成要通过多个环节，每个环节出了问题都会让项目功亏一篑。2018年、2019年竣工的项目金三角工业区带状公园、博乐文体两中心的景观设计都只实现了设计内容的一半，就如同还没有来得及把睡衣换成正装就登场一样，为此提出了一个口号："安全系数最大化的设计"，不言而喻无论如何取舍最终落地主体都不会完全走样。瑞丰葡萄酒庄是个特例，由于义务设计使得甲方宽宏通达，做到了第一稿到底。其次，项目进程中全程掌控的难度往往超出了想象，这也迫使我们对常规手法并不抵触。实际上对于相对成熟的作品来说，只要有一两处杀手铜，就足以支撑设计的兴奋点。所谓创新可以认为是现存物体的升级版，而非从未出

图2-2-37　发现废弃的石盘

现过的外星体。

闫：从您在日本的教学及实践经验角度来看，对于"地方"的建构、再现和呈现在日本的建筑及景观领域是否也是一个大家关心的问题？日本设计师是如何看待这个问题的？日本各区域之间"地方"的差异是否和中国一样大？

章：日本地方虽小，从冲绳到北海道的地方差异还是挺大，但是并没有出现上述如此之大的差异，也许这和日本文化有直接关系。从日本人眼里看中国传统庭园和现代景观都归纳为："被造出来的景观"。而日本则更加崇尚最大限度地利用现状，充其量也是在原有基础上做些不痛不痒的小操作。就像生鱼片的吃法一样，一滴鲜酱油加芥末被认为最完美（图2-2-37~图2-2-39）。

图2-2-38　决定采用废石盘与本地博乐红料石

图2-2-39 博乐红料石墙，平常中的厚重

图2-2-40 利用种植池的形式解决横向高差，规整场地空间

闫：有一个现代主义建筑的专用词叫Tabula Rasa，中文翻译过来叫"白板"。说的是像柯布西耶的光辉城市一样的规划和设计把周边的历史和文化，如巴黎城市都当成了白板，设计师不顾周边环境，自顾自地从一张白板上做起了设计。当然巴黎不是真的白板，但是到了后来的昌迪加尔和巴西利亚就真的是白板了，建筑师和规划师需要从一张白板上开始编故事。基本上每个建筑师、景观设计师都会认为 Tabula Rasa 不是件好事，但我发现这件事在中国（甚至是发达国家）是无法避免的。一个很好的例子就是大量的园博园，都是统一一次性规划、设计实施，成百上千亩地一次性做完了。每个单位或者每个大师分到一块地，每个设计师看现场都会发现边上一望无际啥也没有，只知道设计边界（在现实中还不存在）之外隔壁是谁在做设计，但设计的是什么却一概不知道，从某种程度上讲，这无异于在白板上做设计。

章：中国园林最经典的表述就是："虽由人作，宛自天开"。挖湖堆山，步移景异，世外桃源的意境空间是中国庭园的最高境界，如上所述是被造出来的景观。当然包括看得见的空间（物理空间）及看不见的空间（精神空间或者说文化空间）。如果再追溯到秦朝的上林苑，尺度大到超出常人的想象。从这个观点来看，"白板设计"发生在中国的土地上也就不足为怪了。

闫：从园林扩展到城市，作为中国的景观设计师，在新城市建设类型的项目中，我们大部分的项目都是这种 Tabula Rasa 的项目，只有规划中大的定位和关系，只有地形特征对设计有所限制，无使用者、无使用需求、无设计要求、无设计任务书。由此一来，设计师就需要拼命地在一张白板上编故事。后来发现其实这种白板设计比有严格的各种限制的设计还难做。

章：由于中国的土地制度，让这种大区域开发成为可能，从全球化角度来看，没有什么普遍性和可比性，从而成为中国特色。所有这一切为从业人员带来了机会和挑战，在研究室读博士的中国留学生都被要求毕业后第一时间回国，因为那里才有最适合他们生长的土壤（图2-2-40）。

图2-2-41　近景的草花，缓冲了略显强硬的空间走向

　　闫：想请问章老师，是否抗拒这种白板项目。碰到这种"白板"项目会怎么做，会从哪方面着手？空间创造，意义表达，还是极为个人化的呈现？另外在日本，是否也会大量出现这种"白板"设计，日本的设计师会如何面对这种无场地信息的设计呢？

　　章：事务所有时候也会接触到这类项目，在国内的时候规划和设计都做，现在只做设计不做规划了。所以通常也只是当当顾问，一般都会有一个相对明确的主题，以此展开并延伸出些相关的产业，具体项目就不参加了，做成什么样子也不太清楚。在日本几乎不可能出现这种"白板"设计，也许是国土面积不大，相关的场地信息有多方渠道可以获得，详尽而且公开，就连学生的毕设都很容易拿到详细的基础资料（图2-2-41、图2-2-42）。

图2-2-42 夕阳西下的水池

闫：二十几年前，章老师在日本生活多年后回到国内教书和执业，后来又回到日本教书和生活。从您的亲身经历来看，日本的专业教育和专业训练为您留下了哪些您认为最有意义的思维框架、专业素养或者专业习惯，让您回头看会发现是受益终身的？哪些您觉得是只能通过在海外学习、执业才能获得的经验，哪些是从中国的教育、执业中也可以获得的？

章：首先一直认为中国的风景园林本科教育是非常好的，有诸多原因，其中学生在学校一起生活学习的全日制教育模式是其他国家完全不具备的。大学的设计教育，比起课堂获得知识更重要的是学生们在校园环境和氛围中自然而然地相互成长，因为设计是很难通过修完什么课程看完多少书就可以培养出来。其次，理解了设计师的成长需要时间和经历，是一个漫长的修行过程，但并不神秘，任何人只需要锲而不舍都可以成为一名合格的设计师。中国的本科教育打下了专业基础，日本的留学和工作经历让我对现代景观设计语言及日本文化有了更深刻的理解，这一切影响着设计思维方式及习惯的形成，让我受益终身。

闫：和20年前相比，您是否认为景观设计师在专业度上中国与日本（国际）还有很大差距？景观行业在产品精细化程度、行业规则、规范化等方面中国与日本（国际）的差距还很大吗？能不能结合您自己的经验和经历给我们讲一讲？

章：中国的迅猛发展带动了风景园林行业的全方位提升。中国本土设计事务所的发展速度、表现等综合能力从某种意义上讲已经在国际上处于前列。但是产品精细化程度、行业规则、规范化等成熟度还存在着差距，尽管这几年在不断缩小。另外，由于现代景观设计语境与传统园林是完全不同的体系，很难将这种差异称之为差距，特别是在设计作品方面，两种完全不同的文化背景、不同的设计语言，很难评判好与不好。如何使设计让受众者接受、理解、青睐是每位设计师都可以努力的共同目标，相信中国设计一定会走向世界。（图2-2-43、图2-2-44）。

图2-2-43　通路与地被种植的有形化

图2-2-44 初秋

差异中的表述

——博乐金三角工业区带状公园（一期）

项目名称：差异中的表述——博乐金三角工业区带状公园（一期）
用地面积：44hm²
项目所在地：新疆博尔塔拉蒙古自治州博乐市
委托单位：新疆博尔塔拉蒙古自治州建设局
设计单位：R-land 北京源树景观规划设计事务所
方案：章俊华 赵长江
扩初+施工设计：章俊华 白祖华 胡海波 范雷 赵长江 于沣 汤进 钱诚
建筑：袁琳
电气、水专业：杨春明 徐飞飞
施工单位：岭南园林工程有限公司新疆分公司
设计时间：2016年11月~2017年5月
竣工时间：2019年5月
英文校译：琳赛·洛特（Lindsay Rutter） 苏畅

图2-3-1 竹柳与地肤

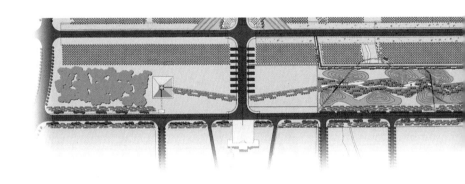

　　项目一期范围西起金河路，东至金上路，北临S205省道，南临金北路，全长2350m，宽187m，总面积为44hm²。S205省道南侧有45m的防风林带，并修建了一条与S205省道相平行的排洪渠，如何在这个狭长的地段进行有别于城市公园与道路绿化的设计成为该项目的关键所在。

　　首先考虑到建成后养护管理方面的问题，将可停留、休闲的范围锁定在尽可能规避交通主干道的喧闹，又不失与周边联系的线形条带中，并利用两侧不同高低变化的微地形起伏，营造出一种自然山野中的"绿谷"。其次，将45m的防风林带打开了4处透视线，让通过S205省道的车辆可以直接感受到"绿谷"的存在。同时利用若隐若现的景观效果，赋予场地潜在的魅力。最后将

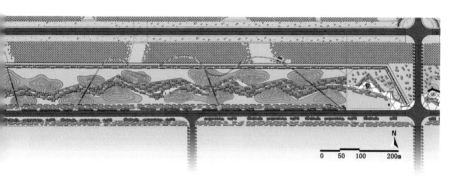

图2-3-2 平面图

"绿谷"内外做成迥然不同的两种风格，利用这种差异性反衬游赏场所的精致与细腻。又可以更形象地彰显该区域固有的自然景象，感受大地既存的个性与特点。

限定中的地被种植，错落有致的乔木分布，东西导向的铺装图饰与无序变化的园路组合，微地形起伏的局部挡墙，立体交叉的园路系统，端点与其间的空间尺度，内平外起的地形操作，可观与可游的界限区分，既透又不通的错位起伏，大面积的绿化覆盖与精巧的局部点缀……均遵循着这样一种设计语言：大与小、空与密、粗与细、点与面、透与闭、简与繁、动与静、实与虚、旷与狭、雅与俗、艳与素、直与曲——差异中的表述（图2-3-1、图2-3-2）。

访谈

对谈人：中国建筑工业出版社编辑（以下简称建工）、章俊华（以下简称章）、于沣（以下简称于）、赵长江（以下简称赵）

建工：全长近2.4km的带状公园您是如何打造的？

章：项目所在的金三角工业区，毗邻阿拉山口口岸和新疆最大的咸水湖艾比湖，干旱少雨、常年受风沙侵袭，土壤戈壁化、盐碱化比较严重，政府预算有限，同时考虑到后期养护管理诸方面的问题，确立了"整体粗犷豪放、亲人空间精细处理，利用大地形打造局部小环境"的设计思路。希望形成一处两侧地形起伏的狭长"绿谷"。呈现内外、高低有别的区域场景和空间体验。彻底规避城市公园的固定模式，营造大地氛围的场所（图2-3-3～图2-3-5）。

图2-3-3 场地现状

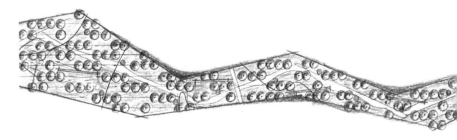

图2-3-4 绿谷局部平面草图

图2-3-5 施工现场

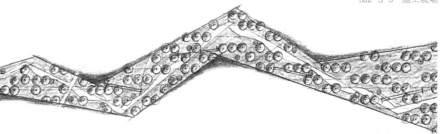

建工：您感觉金三角项目与以往参与的新疆项目在设计上有什么区别吗？

于：从项目的性质和立地条件上就有区别，之前做过的新疆项目，有改造的城市公园比如库尔勒孔雀公园、博乐人民公园，有生态修复的比如和硕滨河风景带、恬园，有城市节点比如新华园、环岛，有道路绿化比如乌昌大道，都是有明确的使用目的和受众群体的，地块面积较大且比较方整。而金三角项目虽然用地也比较整齐，但是相对狭长，周边有市政道路、防风林带、现状林地、排洪渠等现状条件，如何让游人在绿地里感受丰富的空间变化是设计时特别考虑过的。由于带状公园临近省道，路上车辆较多且多为省际货车，在设计时特别利用景墙和地形的塑造，形成段落式的绿化遮挡，使道路交通和公园动线之间互不干扰，闹中取静。而带状公园容易让人感到场地狭长，在设计时特意将园路做成折线和曲线交错变化的形式，再通过铺装材料的线性指向，令人在游览和通过时不至觉得乏味。人行步道两侧，通过不同的地形找坡和休息场地的营造，使空间开合有致，营造充满趣味的城市慢行系统（图2-3-6～图2-3-8）。

图2-3-6　水与路

图2-3-7 草与草、草与路

图2-3-8 水与路、广场与路

建工：听说当时您是一口气按比例把3米多的草图画完的！每次方案草图都是这样吗？

章：每次做方案都是从绘制草图开始，通常构思时间相对比较长，一旦落笔一般还是挺快的，但是这么大尺度的场地，还是不太多的。记得那天在北京事务所，好像快下班的时候。不知是因为希望早点下班，还是其他什么原因，从构思到上手再到成图，出奇的顺手和连贯。空间元素简明，力求同一体系内的多样变化。

建工：如此狭长的地段在空间上是如何处理的？

章：基地四周公路环绕，在设计中首先将可停留、休闲的范围锁定在尽可能规避交通主干道的喧闹，又不失与周边联系的线形条带中，并利用两侧不同高低变化的微地形起伏，营造出自然山野中的"绿谷"。其次，将45m的防风林带打开了4处透视线，让通过S205省道的车辆可以直接感受到"绿谷"的存在。同时设置了"一上一下"立体交叉的园路系统，使游人充分体验空间的丰富变化。"绿谷"中做成平坦的场地，淡化通道与滞留空间的明确界定，让通过与停留行为俯拾皆是。并把横向处理成错落有致的折线形式，丰富了略显单调的场地空间。视线上的透与闭，尺度上的宽与窄，竖向上的起与伏，种植上的密与疏……，构成了"绿谷"空间的整体风格（图2-3-9～图2-3-12）。

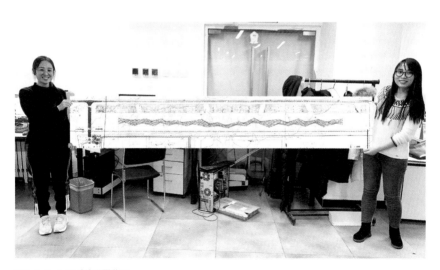

图2-3-9　2.5m手绘平面草图

图2-3-10 盛开的波斯菊

图2-3-11 夕阳下的水系

图2-3-12 铺装表情的变换，缓解着绵延的单调

图2-3-13 施工现场

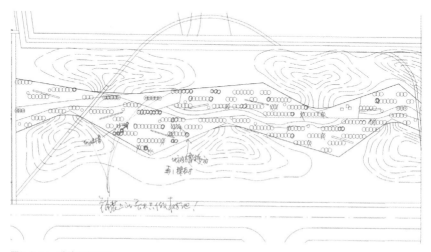

图2-3-14 种植方案调整

建工：看原始地形图得知这片地区是一马平川，如此之大的"造地运动"在您的设计生涯中应该是第一次吧！

章：中国传统园林设计讲究挖湖堆山，当代中国园林被称为"做出来的景观。"如此之大的场地尺度，利用地形构筑空间骨架也许是唯一的选择。首先对大尺度空间的掌控确实难度极大，在日本多年形成的影响还是没有胜过传统文化基因的显现。像这种造地运动在和硕滨河公园也用过类似的手法。不同的是在设计上，这次场地元素更单纯，空间肌理更统一，界面与形体更明确（图2-3-13～图2-3-16）。

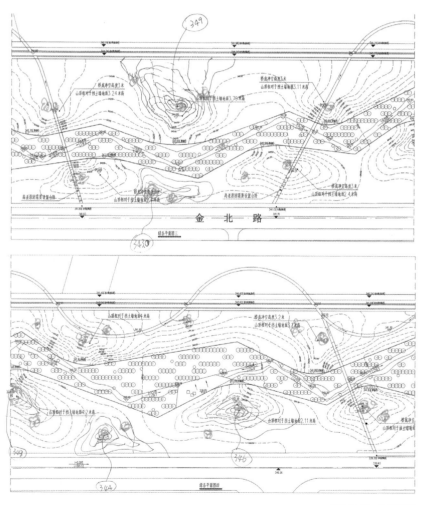

图2-3-15　地形调整

图2-3-16 拾级而上、矢地相连

建工：在本项目中，关于"差异中的表述"您是怎么理解的？

赵：通常的项目，大都会设置一个或几个突出点做为项目景观核心，常见的是一座建筑或是一组构筑物，而本项目的思路却是：不设突出点，整个绿谷就是项目核心，可以理解为整个项目就是一个"构筑物"，这与常见方式大相径庭，也意味着没办法用常见的设计手法来处理，必须有创新性的思路。

"差异中的表述"，就我的理解来说，这里的"差异"类似于"对比"这种设计手法，在这次略显"低调"的设计方案中，大量地运用了这种设计语言来进行表达，大与小、疏与密、简与繁、实与虚、直与曲，处处有差异，时时有对比，将"对比"运用到极致，用"差异"来实现突出，低调却不低端，简约而不简单（图2-3-17~图2-3-18）。

图2-3-17　长椅与折桥

图2-3-18 密与疏、简与繁

建工：动线又曲又直、宽狭不一，与常规的园路概念不同，好像很随意，又感觉有多多少少的刻意。

章：更准确的说是一侧折线、一侧弧线的处理方式。之前也谈到，希望动与静的空间是含糊而非清晰的。场地东西向直线距离将近2.4km，曲折动线将近3km，无论是采用纯折线或是纯弧线的方式来处理园路，都显得过于呆板。首先通过宽窄不一的变化来弱化单纯"路面"的感觉，窄的部分承载道路的功能，宽的部分形成自然停留空间，形式上一侧直线作为通过的动线、一侧弧线作为停留空间来处理，利用"直"与"曲"、"硬"与"软"的差异性，既是空间上的表达，又兼顾功能需求（图2-3-19～图2-3-21）。

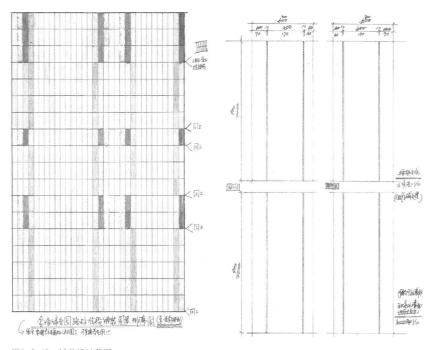

图2-3-19　铺装设计草图

图2-3-20　铺装的差异化

图2-3-21　施工现场

建工：铺装变化不太常见，当初是如何设想的呢？

章：铺装折线角度是无序的，但铺装图饰的走向一直保持东西导向，与绿谷中的种植方向保持一致，希望通过材质的种类和质感的组合变化体现丰富的细节变化，使其不仅仅是通过和停留的场所，而且还希望成为"绿谷"中的一条大地景观带，进而弱化将近3km动线带来的乏味与枯燥。从铺装样式的设计上看比较复杂，不过都是在一个基本单元上的不断重复（图2-3-22～图2-3-27）。

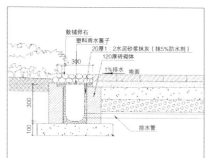

图2-3-22　铺装细节与收水沟详图

图2-3-23 铺装类型基本单元

图2-3-24 碎石丛中的地被，彰显生命的魅力

图2-3-25 余晖下的材质肌理

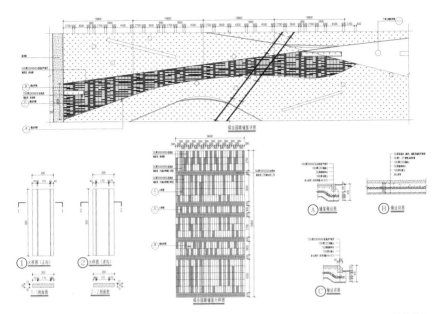

图2-3-26 铺装详图

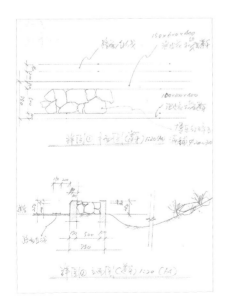

图2-3-27 带状公园4.2m园路草图及铺装

建工：我们发现乔木种植上既无序又有序，与往常的方式也不太一样。

章：其实每棵乔木的位置都是准确定位在方格网上的，长短不一的乔木种植池像一面面长短不一的屏风，沿东西方向隔行设置，充满了东西向视线通廊，通透而不见底。南北方向则是错落布置，互相交叠形成绿色屏障，弥补空间进伸过短的缺陷，实现"绿谷"枝繁叶茂的场景。在乔木品种方面以乡土树种白杨为主干树种，穿插了彩叶和开花小乔，并适当地种植了常绿树进行点缀。实际上每颗种植点都严格按照网格定点排布，变化的只是连续的长短或间隔的长短。再过三四年一定会达到真正意义上的"绿谷"（图2-3-28～图2-3-32）。

图2-3-28 施工现场

图2-3-29　细部施工

图2-3-30　水中的种植池与自然置石

图2-3-31　列状种植、构筑空间的主旋律

图2-3-32 种植的不同表情

图2-3-33 承载场地记忆的碎石

建工：有什么印象特别深刻的事或者特别的收获跟大家分享吗？

赵：在项目施工进行1/3左右时，有一天我突然接到甲方通知，由于财务政策调整，项目总投资额将降到原设计投资额的40%，要求完善已开工部分，未开工部分暂不实施，苗木全部降低规格或取消，这意味着整个立体交通系统都无法实施。当时我有些心灰意冷，觉得这个项目可能要烂尾，在给章老师汇报情况的时候也比较消沉。让我有些意外的是章老师很快接受了这个结果，并胸有成竹地给出了调整意见，最终项目呈现的效果大大超出我的预期，在后来的交流中，章老师说在方案设计之初，他就考虑过项目的实施难度，所以在设计中设置了足够的"保险系数"，所以当时才能胸有成竹。这件事让我记忆犹新，印象非常深刻，也让我学会了在设计工作开始前要对项目进行更多的调查和思考，在设计过程中才能做到心中有数（图2-3-33~图2-3-35）。

图2-3-34　细部设计的呈现

图2-3-35　宁静的水面，召唤着心灵的初衷

建工：弧形挡墙的出现给"绿谷"空间带来了异样的感觉。

章：地形作为空间组成的重要元素，在此基础上强调了局部的造型之感，尤其是在亲人尺度的空间上，弧形景墙的出现强化了地形的存在感，同时也界定了场所的领域感，使"面"的设计成为物理空间的实体呈现。竖向与横向均同时保持变化，同时又起到强调"绿谷"收放的景观效果（图2-3-36、图2-3-37）。

图2-3-36　上图：强化地形的弧形墙；
　　　　　　下图：施工现场

图2-3-37　弧形碎石挡墙，领域感的界定

建工：坡地上种植了黄花苜蓿和地肤，秋季的色彩一定很美吧！

章：地被植物的选择是设计的重中之重，综合考虑效果和养护成本之后，选择黄花苜蓿作为大面积基底地被植物，黄花苜蓿是新疆最常见的多年生牧草，适应性强，7月至8月中旬开花，可越冬生长。地肤在当地并不是常见的园林绿化植物，也是在之前的项目中意外所获，植株为嫩绿，秋季叶色变红，冬季干枯后也别具特色，坡地部分选择地肤作为地被，组合成四季色彩各异、特色分明的地被景观。在设计当初就特别考虑到严格地限制模棱两可的种植区域，而是让每一部分都是组成"面"设计的一部分。但是黄花苜蓿和地肤秋后的养护也是一个有待解决的问题，黄花苜蓿在当地是极受欢迎的冬季牧草，能实现再利用也许是下一个必须思考的问题（图2-3-38、图2-3-39）。

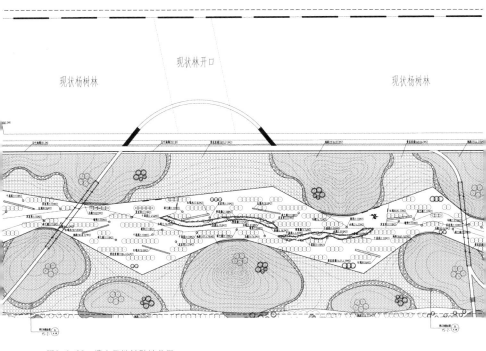

图2-3-38　灌木及地被种植分区

图2-3-39 施工现场

建工：这个项目也可以体会到用种植材料如何去构筑空间，这好像成为您作品的一种风格，而且在不同界面都有明确的表示。

章：近年来一直在尝试植物的有形化设计，把植物组团整体作为场地空间的一个组成部分，赋予其空间属性，作为空间构成的核心，在这次设计中具体体现在"绿谷"疏密有致的营造上，体量、色彩、质感等等，这也是较为深入的一次尝试（图2-3-40~图2-3-43）。

图2-3-40　种植施工现场

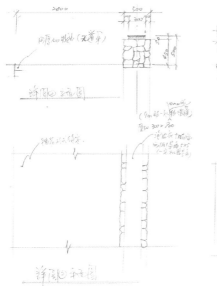

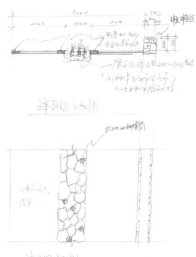

图2-3-41 设计草图

图2-3-42 种植的有形化

图2-3-43 初秋的地肤山

建工：在植物素材选择上是如何配合空间塑造的？

于：植物素材在乔木和地被的品种选择上是有小心思的。首先当然是要适地适树，采用适宜当地生长且可以粗放管理的品种，低影响开发、低影响管控，避免外来物种带来病虫害或者生态侵害，减少人为影响，以一种近自然的种植设计手法去把金三角工业区的"工业锈带"转变为"城市秀带"。其次，在打造"绿谷"时，配合空间转折变化，乔木的种植形式也摒弃了以往顺延铺装方向的列植手法，植物阵列与铺装导向成角度，进一步丰富了空间的转折变化。在结合地形打造"大地景观"时，采用地肤等色相变化丰富的地被品种，营造色彩斑斓的变化，使人们在日常行走间就体会到季节的变化（图2-3-44～图2-3-46）。

图2-3-44 近自然的种植设计

图2-3-45　旷野的大地景观

图2-3-46　界定与整然

建工：据说工程虽然完工了，但是只实施了设计的不到一半，对一项作品来说应该是毁灭性的吧！

章：工程只实施了设计的不到一半，确实很遗憾，但好在设计之初就对项目实施的难度有所预判，在设计过程中给予了方案足够的"保险系数"，所以最后得到的结果还是足以支撑最基本的场景构筑，当我们碰到再不理想的甲方，再不给力的施工队，只要设计是在做"面"而非点和线的话，那一切都将成为可能。这也算是一个"无奈的自悦"吧！（苦笑）

建工：关于这个项目有没有什么遗憾？

赵：最遗憾的点肯定是立体交通系统没有实现。另外一点，是方案中在项目东入口广场设计了一个30m高的眺望塔，向西俯瞰，整个绿谷可以尽收眼底，非常遗憾的是，目前也只是预留了底座空间，塔的主体没有建成，希望将来有机会能够实施（图2-3-47～图2-3-52）。

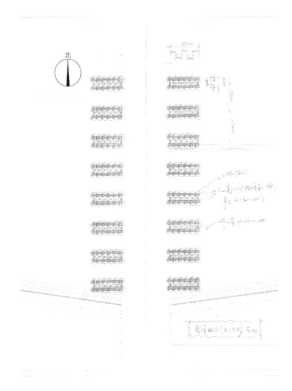

图2-3-47　工业园区入口方案草图

图2-3-48 施工现场

图2-3-49 晨光下的台阶

图2-3-50　入口LOGO

图2-3-51　狭长的水镜

图2-3-52 绿谷局部场景

建工：能谈谈这个项目的最大特点吗？

章：最大特点是在强化"绿谷"中不同空间整体性的同时又具有多样性的存在，用最少的要素、最简化的手法去达成场地设计的效果。其中也有不少遗憾，干旱缺水使得植物的生长受到了不同程度的制约和影响（图2-3-53、图2-3-54）。

图2-3-53 暮色下的远山

图2-3-54 碎石与地被的自然组合

后记

这是一本以与两位青年设计师对话为主线的小册子，原计划年初春节前能有一次交流，后来由于新冠肺炎疫情的不断升级，开始怀疑是否还能继续进行的时候，分别收到了两位的联系，接下来交流畅通无阻。其中涉及很多不谋而合的话题，让不长不短2小时的对话轻松快乐、意犹未尽。从他们的身上看到了锲而不舍的追求、孜孜不倦的思考，对行业导向的敏感认知及新旧领域的挑战进取。细心的读者会发现，每当涉及专业理论问题时都会有意无意地规避，有些设计师习惯将原本就很复杂的过程高深化，而本人则更喜欢将其简单化、通俗化。设计行为本身并不深奥，只是如何将庞大的信息梳理成更易看得懂、听得懂、读得懂的创作过程。

与之前不同的是本次未按以往的方式进行案例反思并在失败中与读者共勉，而是直接从传统与现代两种设计语言中阐述如何去决策和判断。面对这样的话题，我们还都很"年轻"，力争简明扼要地阐述，但使其成为设计理论并具有普遍性好像还有很多路要走。我们希望通过越来越多的同类对话，最终让空间形式语言有据可循。也许有些对话空如浮云，更可能最终结果是无据可依，那也是一种答案。到头来所有搜寻的艰辛将不是焦虑，而是一种超越的欢欣。

在这里要再次感谢蔡凌豪老师和闫明先生，感谢R-land源树的白祖华、胡海波、张鹏；感谢设计团队的赵长江、于沣、范雷、王朝举及参与项目设计的全体成员、甲方、施工方。感谢一直以来鼎力支持的中国建筑工业出版社杜洁主任、兰丽婷编辑。最后感谢胡楠老师的封面设计。

这些年地产景观的不断演变与完善，带动了风景园林设计行业的迅猛发展，作品类型几乎覆盖所有的关注点。如何在此基础上有更上乘的表现成为从业者们的新话题。去发现生活中平凡、不经意、日常的存在，并巧妙地通过自然的"力量"去表现空间的方式也许会成为下一个风向标，用"不以为奇"去设计——寸有所长。

章俊华

2021年3月　于松户

合二为一——场地与机理的解读
章俊华 著

中国建筑工业出版社
国 32 开，225 页，定价：58.00 元，出版时间：2017年1月

当我们接手一个项目的时候，会有很多不确定因素始终伴随着你。实际上将所有出现的因素都很好地消化、理解，最终得出一个无懈可击、完美无缺的作品几乎是不太可能的。所以说唯一的方法是学会"放弃"，也就是做减法。这就是本书的书名：合二为一，将复杂的事物简单化。

本书希望向读者传达这样一个信息：每个人都有成为"大师"的机会，只要你能处理好这些因素间的关系，其最好的方式是做减法，并将其"合二为一"。

本书分为以下两部分：

"陋言拙语"部分选入了15篇短文，这些都是一名设计师成长过程中的经历，有些看似与专业无关，但实际上它都与专业存在着千丝万缕的间接联系，并构成和反映了设计师本人的世界观。

"吾人小作"部分选入了3个项目，每个项目也许有很多不解之处，也留下过无可挽回的遗憾。设计用语言表达也许太难，可以简单地概括为：首先要学会"放弃"，其次是把没有"放弃"的部分做到极致，但实际做起来可能也不会太容易。

无独有偶——场所与秩序的考量
章俊华 著

中国建筑工业出版社
国 32 开，220 页，定价：58.00 元，出版时间：2018年1月

每一个设计项目都存在决策的过程体系，哪怕是一瞬间跳跃的思维，都将奠定作品的风格和取向。本书向我们诠释了设计中场所与秩序的思考与抉择，面对不同的项目，是采用"借"的方式，或是"自我为中心的表现"，还是选择"基地的延续"，每一个设计决策均衍生了与原有场地"无独有偶"的关系。

作者希望说明的是，任何的创作，最终的目标只要求与原有场地相辅相成，同时又能实现积极意义上的场地升级。

本书分为以下两部分：

"陋言拙语"部分选入了15篇短文，它是作者生活态度的一种折射，也是作者工作与生活中对景观设计的一些感悟。设计师应该有自己的设计思想，它不会从天而降，只有点滴的耕耘才会迎来开花结果。

"吾人小作"部分，选入了作者近期的3个项目，每一个项目都以一问一答的形式记录并呈现出来，使读者阅读和理解起来非常轻松，既有专业人士所关注的专业知识、设计内容、细节描述，也有非专业人士可以直接阅读的项目图纸、现场照片和设计记录。

一五一十——景象与心境的寄语

章俊华　著

中国建筑工业出版社
国 32 开，190页，定价：55.00 元，出版时间：2019年1月

凡事过于合理有效未必事半功倍，任劳任怨脚踏实地地对待每一件事，一切都会显得自然而然。世上不存在所谓的无用功，万物均遵循能量守恒的原理，需要的只是"一五一十"地对待面前的一切。

凡事过于合理有效未必事半功倍，任劳任怨脚踏实地地对待每一件事，一切都会显得自然而然。世上不存在所谓的无用功，万物均遵循能量守恒的原理，需要的只是"一五一十"地对待面前的一切。

本书分为以下两部分：

"陋言拙语"部分选入了15篇短文，它不仅是生活中的点点滴滴，同时也是著者世界观的一种表达。文章中既有专业知识的阐述，也有生活乐趣的呈现，阅读起来轻松愉悦，同时其深度又引发回味与思考。

"吾人小作"部分选入了3个项目，每一个作品都通过问答形式的叙述，传达了这样的一种认识：设计说它复杂，确实是一套系统工程，如果非要问有什么灵丹妙药的话，那就是"一五一十"地做好工作中的每一件事。场地本身离不开它，设计师更需要体现其精髓所在。

无为而治——形式与材料的表白

章俊华　著

中国建筑工业出版社
国32 开，204页，定价：55.00元，出版时间：2020年1月

如果说建筑是思想的容器，那么景观也可以被喻为心灵的写照。我们经常看可以到毫无保留地把最"美"的一面展示给大众，却又因急功近利而显得缺乏自信的随流作品；也有一往直前的强势派，不知退一步海阔天空而产生的只以自我为中心的作品。著者通过本书向我们传达这样的一种设计观——它没有刻意的标新立异，也无需任何矫揉造作的形体表现，一切顺其自然，设计师所要做的只是在如何观赏及如何到达上的功能梳理。

本书分为以下两部分：

"陋言拙语"部分选入了15篇短文，没有华丽的辞藻，更没有惊心动魄的事件，有的只是世间的凡人小事，生活中的真实写照。

"吾人小作"部分选入了3个项目，著者将其世界观从另一个侧面忠实地反映到作品中，节制、含蓄、顺其自然以至于随心所欲等，均希望表达这样一种诉求——无为而治。

书中既有专业知识的阐述，也有生活乐趣的呈现，阅读起来轻松而愉悦，同时其深度又引发回味与思考。